城市公共空间艺术
与人文景观设计研究

杨 光 著

北 京
冶 金 工 业 出 版 社
2022

内 容 提 要

城市公共空间艺术彰显着一座城市的形象和文化，人文景观是人类文化与创造力的完美体现，是人与自然的相互协调，寄托了人类的美好理想。城市公共空间通过人文景观的设计来表达充满艺术色彩的生活，潜移默化地影响着人们的品位和价值观。本书系统地阐述了城市公共空间人文景观、园林景观、建筑景观、环境景观的人文艺术，汇集整理了各类城市公共空间的艺术实践，紧接着对城市公共空间艺术的发展进行展望，培养全民公共空间艺术的参与意识，将城市空间艺术与公益有效结合，追求人文景观与生态的和谐，最后介绍了国家级新区雄安新区的城市公共空间景观艺术，呈现了城市公共空间艺术与人文景观设计的文化价值。

图书在版编目 (CIP) 数据

城市公共空间艺术与人文景观设计研究 ／ 杨光著 . —北京：冶金工业出版社，2020.9 （2022.2 重印）

ISBN 978-7-5024-8591-7

Ⅰ . ① 城 … Ⅱ . ① 杨 … Ⅲ . ① 城市空间—景观设计—研究 Ⅳ.①TU984.11

中国版本图书馆 CIP 数据核字 (2020) 第 169606 号

城市公共空间艺术与人文景观设计研究

出版发行	冶金工业出版社	电 话	(010)64027926
地 址	北京市东城区嵩祝院北巷 39 号	邮 编	100009
网 址	www. mip1953. com	电子信箱	service@ mip1953. com

责任编辑　夏小雪　美术编辑　吕欣童　版式设计　禹　蕊
责任校对　石　静　责任印制　李玉山
北京虎彩文化传播有限公司印刷
2020 年 9 月第 1 版，2022 年 2 月第 2 次印刷
710mm×1000mm　1/16；11 印张；181 千字；167 页
定价 **65.00** 元

投稿电话　(010)64027932　投稿信箱　tougao@cnmip.com.cn
营销中心电话　(010)64044283
冶金工业出版社天猫旗舰店　yjgycbs.tmall.com
(本书如有印装质量问题，本社营销中心负责退换)

前　言

城市化作为当今世界最为普遍的一种社会变迁态势对人类文明和生活方式的重塑产生着深刻而久远的影响。在形式多样的水泥空间中，人们很难找到那种触人心弦的感动——这是一种与时代碰撞的共识感应，原因在于城市建筑与公共空间缺失了浪漫的诗意和绵延的文脉。

在中国，公共艺术这个概念的提出只有十多年的时间，伴随发展城市公共艺术以提升城市品位和内涵的理念逐渐普及，大量被归属为"公共艺术"的作品应运而生。如同著名公共艺术家关根伸夫所言，"中国公共艺术尚处在'量'重于'质'的时代。中国是一个有很好公共艺术的视觉传统符号的国家，但似乎还没有在现代环境艺术设计中充分发挥出来，而是常常让建筑独自发展，却让其周边环境流于空缺或芜杂"。公共艺术的设计应体现什么理念，发展什么风格，质和量如何平衡？这是一个艺术理论研究者难以割舍的情怀。本书以此为主题，加入人文景观的相关内容，将公共空间艺术与人文景观相结合进行阐述，重在研究公共空间艺术的人文特性。

全书共分为六章，从基础概念出发，将城市公共空间艺术以及人文景观的相关概念进行介绍；随之将城市公共空间的人文景观艺术、城市公共空间的环境景观艺术、城市公共空间艺术的实践、城市公共空间艺术的发展进行了层次性阐述；最后以雄安新区的城市公共空间景观艺术作为案例进行分析，理论结合实践，直观地阐述本书的观点。

本书层次鲜明，采取总分的结构形式，全面阐述城市公共空间艺术与人文景观设计方面的知识点，中间穿插案例，丰富了主题，有助于读者的理解。同时，本书还适当插入图片，图文并茂，更加吸引读者。本书阅读价值高，对相关专业学者的学习和研究可起到参考的作用。

本书在编写的过程中，参考了一些资料，在此向相关资料的作者表示由衷地感谢。同时，由于编写时间仓促，书中难免存在不足之处，敬请读者批评指正。

作　者

2020 年 5 月

目 录

第一章　城市公共艺术与人文景观概述

第一节　城市公共空间的内涵与分类

城市是地域文化形象的外在表现，城市公共空间是城市格局布置的重要部分，它的变化发展、创新是文化厚度变化的体现。我们看一座城市，其文化底蕴也是城市社会影响力的重要因素。因此，对城市公共空间的环境体系进行合理调整，在地域形象和精神风貌的塑造上会起到很大的作用，会让人们从内心感受到归属感。伴随城市经济的快速发展，城市公共空间在人文方面的塑造迫在眉睫，决定着一个城市整体的健康发展。

一、城市公共空间的内涵

城市空间就是通过各类建筑的实体进行围合，最终形成的整体外部空间面貌。因此，建筑实体怎样进行围合，采取何种方式，成为重要的环节。目前，主要有建筑界定和实体占领两种方式。例如，在任何一个空间中，我们会自然与他人保持距离，这是人的本能反应，这就是围绕人群形成的心理空间，自然，这是"虚设"的空间。同样，在建筑设计中，城市空间也要遵循这种原理，从城市空间结构的整体形态到城市轴线分布，城市空间延伸至四维形态，人们在看到立体空间的建筑之外，还会在视觉上形成"虚空"空间。换言之，城市空间涵盖的层面除了实体层面，还有心理层面。我们从狭义上进行分析，城市公共空间的概念就比较接近生活化，即除了日常生活的室外空间，还包含周围的设施空间设计，例如街道、公园、城市中心区、商业区，除此之外还包含城市空间的绿地面积等。

随着社会经济的不断发展，人们的物质生活水平也在提高，人们对精神文化需求越来越迫切，在繁忙的工作之余，需要一个优美的环境来休憩、健身和交流，同时，对城市环境和户外环境的质量也有了更高的要求。

城市公共空间属于公共物品，这是其本质特性，公共的价值和利益就是核心内涵。所以，城市公共空间就是由政府进行规划主导，经过人为设计开发，提供相应的活动设施，最终免费供市民进行活动娱乐的场所。这里需要特别指出的是，政府主导强调的是其参与性和协调性，并不是指其主要投资，体现的是在这个过程中的维护性作用，是从宏观层面上进行城市公共空间建设与发展的整体把握。

二、城市公共空间的分类

不同的城市空间，分类方式也不同。从表现形式上可分为广场空间、绿化空间、街道空间、滨水空间，但是，需要特别指出的是，在城市规划中，一些游乐园、运动场馆是需要收费开放的，这些不能让全民进行共享的公共设施，是不属于城市公共空间之列的。

（一）广场空间

广场空间主要采取硬质铺装，并且适当涵盖软质景观中功能多、综合性等特点，最终形成的户外活动场所，其构成城市公共空间体系建设的重要因素。

广场按性质可分为市政广场、纪念广场、交通广场、商业广场、休憩广场；按平面组合形式可分为单一形态广场和复合形态广场。

人们在广场的活动形式以步行体验为主，因此，遵循"舒适宜人"的特征是广场规划设计的参考要素。

（二）绿化空间

绿化空间的规划核心是通过植被进行公共活动空间的设计安排，主要体现在城市公园以及街头绿地空间，为人们提供游玩和休息的场所，起到愉悦身心的作用。与广场空间设计不同的是，绿化空间是具有隐蔽性设计的休憩空间，功能更加强大，它在城市设计整体上提升品质，同时还起到了空气净化、缓解"热岛效应"等自然生态的功能，绿化空间分为综合性公园、居住区公园、专类公园（免费开放）、带状公园、街旁绿地五个部分。

（三）街道空间

街道属于线性空间设计，主要作用在于交通出行。因此，在城市公共空间的设计中，街道的意义就是提供人们出行的步行交通系统。从人类发展的历史研究，镇、城的形成与发展都是在一条街的基础上形成的，像我们所熟知的《清明上河图》，一条街道体现了一个朝代的经济与生活。城市街道空间的分类是依据道路的功能以及各部分地块的具体来划分的，分为交通性道路、商业性街道、生活性街道、文化性街道、政治性街道、综合性街道等。

（四）滨水空间

城市滨水空间是流经城市中的海、江河以及湖泊等自然水体，和城市内的人工环境结合后形成的城市空间面貌，滨水空间是生态基础空间。滨水空间是城市中的特色美感空间，尊重的是自然环境的美感。滨水空间的设计要考虑的因素很多，除了基本的城市形象之外，还要考虑其生态功能、河道治理、调洪排涝等，在此基础上具备人类活动的交通运输、活动游憩等方面的功能性。

三、城市公共空间的特性

（一）系统性

城市公共空间的结构性和网络性特征比较突出。各种类型的城市公共空间由于空间形态和服务性质的不同，各自的需求也有所不同。除了各种类型的城市空间之间的联系性，比如层级设计、空间分布等，它们之间还存在互补性，二者同时存在才能满足不同方面的空间序列，像华盛顿中轴线的空间序列就是集单一与复合的需求而共同存在的。

（二）生态性

城市公共空间集合了城市空间中的各种自然要素，主要包含城市植被和城市动物这两种自然形式要素，这些要素的作用众多，既有美化、保护环境的作用，还具净化空气、调解气候变化的功能，同时对于生物繁衍、多样性的发展也有裨益，这些都能够为城市的居民增加乐趣，缓解生存的压力。

（三）场所性

我们生存的任何公共空间，不管它是什么类型的设计，其都要与周边环境的自然条件相结合，同时结合所在空间的人文、地域特色等因素，最终形成一个独具特色的公共场所。换句话说，即场所性要有属于自己的特色，让人们能够从中感受到自己内心需求的东西，从而对它印象深刻，让居民产生认同感和归属感，这是公共空间设计的初衷。例如，我们常见的主题性娱乐广场、为儿童专门设计的兴趣公园等。在城市公共空间的规划建设中，我们要将其属性有意识地进行塑造和强化，千万不能进行复制照搬，没有任何新意。

（四）人性化

城市建设与时代发展同步，在历经了"广场风""草坪风""欧陆风"等设计风格的变化，城市建设在整体规划上形成了跟风攀比的现象。据了解，很多城市在进行"广场绿地"的建设时与实际居民需求有一定的差距，不是从人们的生活需要出发，而是走"形式主义、政绩工程"。实际上，城市公共空间的建设要遵循"以人为本、万物和谐"的原则，从居民生活实际出发，方便人们的使用，这样才能达到建设的最初目的。

城市公共空间的设计规划能够将一个城市的文化底蕴展现出来，彰显属于这个城市独特的个性特征，同时能够将本地居民的精神、生活反映出来，引导城市正常发展。随着经济的高速发展，每一个城市都应在公共空间的设计中积极参与，营造出体现本地特色和文化内涵的生存空间。

第二节　城市公共艺术景观发展历程

一、古罗马时期的公共艺术

谈及欧洲的公共艺术发展历程，就要从古罗马说起。古罗马建筑的发展是以古希腊建筑成就为基础的，它依靠古罗马人的聪明才智和不断努力，经历长期的发展创新，形成了具有独特特色的建筑艺术风格，成为欧洲建筑史上的一个奇迹，它的影响力遍及世界。

公元前30年罗马帝国正式建立，自此生产力不断发展，并在此时期达到了顶峰，这在城市公共空间建设中也得到了体现，富丽的宫殿、华丽宽敞的公共浴场、巨大的凯旋门、举世闻名的斗兽场以及剧场、法院等建筑陆续建成，形式丰富多彩，规模巨大、壮观。这些人为的建筑与自然环境及城市的人文景观相结合，形成独具社会特征的建筑群落。

古罗马时期，建筑装饰除了沿袭古希腊建筑特点之外，还创造了自己的艺术特色结构和装饰，比如拱券结构的出现，这是古罗马建筑特色的代表；大理石自然肌理运用，巧夺天工、精彩别致；在马赛克中镶嵌壁画体现了古罗马人非凡的智慧，除此之外，古罗马在建筑雕刻装饰方面的成就也很突出，比如，古罗马图拉真记功柱上的雕刻装饰便是华贵与精美的展示。之外，在柱式的设计上，增加了多样的形式，其花纹的纯熟雕刻，体现了古罗马时期艺术家深厚的雕刻功底。

二、拜占庭建筑时期的公共艺术

拜占庭在中世纪开始发展，包含很多地中海岛屿国家。确切地说，新兴帝国在建立初期，为了彰显自身的权利和力量，为了拥护、赞美统治者，都要建造与之有关系的代表性的建筑物作为一个时代的纪念，从这个建筑物中，让后人去了解那个时期的思想、政治、文化、科学等基本发展情况。

拜占庭建筑达到繁荣时期是以皇帝君士坦丁时期建设的君士坦丁堡为代表的。这个时期的建筑及公共艺术都比较新颖、别致，穹顶的独特设计，并结合帆拱造就出独具特色的建筑，这是一种创意性全新结构形式。除此之外，彩色大理石贴面、彩色玻璃镶嵌、石雕等都是这个时期建筑的独特魅力。拜占庭建筑艺术的影响非常大，是公共艺术发展不可忽略的阶段性时期。

三、哥特式建筑时期的公共艺术

中世纪时期，除了拜占庭建筑的辉煌发展，世界各地其他的建筑艺术也都有所发展，建筑与公共艺术的完美结合设计已经达到了发达程度。比如，欧洲建筑最为著名的就是法国哥特地区的教堂建筑，这是哥特式建筑的代表建筑物。

哥特式建筑的特征包含各式各样的装饰图案，布满建筑的柱头、檐口、门楣或柱廊上，这些地方随处都有雕琢的痕迹。哥特式建筑的特点是尖、高、直，艺术家们以此为基础，创造出与之风格相匹配的公共艺术作品，闻名世界的巴黎圣母院和汉斯主教堂是哥特式建筑时期公共艺术品的代表作品。后期又出现了人像柱的建筑构件形式，这种形式主要集中在 12 世纪中叶，也是哥特式建筑的典型代表，丰富了建筑入口的设计，具有非常前列的艺术感染力。哥特式建筑的窗子设计通常很大，采用彩色玻璃窗的装饰非常适合。大小不一的彩色玻璃中，根据不同的设计需求镶嵌于工字形的金属连接条中，并形成完整、新颖的造型图案，色彩斑斓，彰显出富贵绚丽之感，仿佛进入了神秘的天国一样。

哥特式建筑及其公共艺术对世界许多国家产生了非常大的影响，以至于在很多国家相继出现了与之相类似的哥特式风格的建筑，譬如德国、英国、意大利以及西班牙等国家。当然这种对其他国家的建筑产生影响的因素并非仅限于建筑本身，在很大的程度上也存在着宗教的成分。文艺复兴（15~16世纪）是伴随着西欧一些国家资本主义生产关系的萌芽掀起的一场声势浩大的文化运动，是以人文主义思想为基础同时借助古典文化来反对封建文化，反对中世纪的禁欲主义和宗教主义的运动。文艺复兴运动最早发起于意大利的佛罗伦萨，后延伸到法国、荷兰、德国、英国和西班牙。这一时期的建筑及其公共艺术，在欧洲乃至整个世界建筑艺术史的长河中无疑是一段动人的、辉煌的乐章。人们熟知的圣彼得大教堂是当时最具代表性的建筑，它的装饰之富丽，规模之宏大，在教堂建筑中是绝无仅有的。文艺复兴是产生巨人的时代，其涌现出了许多才华横溢的建筑大师以及对公共艺术做出卓越贡献的造型艺术大师。其中最典型的例子是文艺复兴建筑大师伯鲁乃列斯基、勃拉孟特，以及被后人誉为文艺复兴三杰的米开朗基罗、达·芬奇和拉菲尔。他们共同促成了建筑与公共艺术的大融合，开创了一个恢宏的建筑艺术新时代。在这一时期的建筑艺术中，雕塑、壁画与建筑相映生辉，雕塑和壁画的场面之大、水平之高是以前任何时代无法比拟的。

四、巴洛克建筑时期的公共艺术

巴洛克是继文艺复兴之后在罗马产生的一种风格，产生时间在 17 世纪30 年代左右。受当时政治、社会意识以及文化观念的影响，这一时期的公共艺术呈现出一种浮夸艳丽的装饰特征，并以豪华堂皇为时尚，往往追求一种对比强烈且充满动感的、画面立体感强而逼真的装饰风格，由此产生出一种夸张的、富于炫耀色彩和舞台魅力的艺术。从某种意义上讲，巴洛克更像是一种潮流而非风格。巴洛克的成长初期位于意大利的北部，而后向西班牙、葡萄牙和欧洲中部地区扩展，并在奥地利大放异彩，之后在德国南部一直流行到18世纪中叶。巴黎凡尔赛宫就是这一时期的典型之作。

五、洛可可建筑时期的公共艺术

洛可可风格起源于18世纪中叶的法国路易十五时代，这一时期法国政局动荡，经济萧条，众多的贵族和资产阶级的上层人物把他们的热情逐步从政治转到对于个人生活的享受上。在建筑装饰上，洛可可风格主要表现在室内装饰方面，其纤巧柔和的装饰形式成为当时人们热爱以及相互效仿和追逐的主流。在追求享乐、舒适、自由方面，这一时期的建筑装饰风格比其他时期更柔媚细腻，同时也更琐碎纤巧。

波斯、玛雅时期以及伊斯兰的公共艺术皆有着光辉灿烂的历史，有待于我们更为广泛和深入地进行研究挖掘。

在19世纪以后，特别是在19世纪末至20世纪上半叶，欧洲以及其他一些国家的公共艺术已呈现出综合的和多样化发展的势态，形式风格各异，一些艺术大师以极大的热情并以自己特有的方式同时加入了公共艺术的创作，如罗丹、马约尔、摩尔、米罗、毕加索等。另外，代表不同艺术观念和思想的艺术家相继出现，从一个侧面反映出趋向于多元化发展的社会面貌，是人类社会历史长河中的一个必然发展阶段。

六、现代城市公共艺术

（一）依附在建筑物上的艺术

城市公共艺术更多地指向一个由西方发达国家发展演变的，强调艺术的公益性和文化福利，通过国家、城市权力和立法机制建置而产生的文化政策。这种文化政策在西方国家早期的体现形式更多的是依附在建筑上的装饰艺术，近现代城市美化运动和城市文化与公众文化的新需求则促进了这一文化政策的范围和内涵的发展与流变。

纵观欧洲的历史传统，建筑与雕塑一直是不可分割的，"建筑物艺术"的政策由来已久。德国魏玛共和时期（1918~1933年），共和国宪法明确规定：国家必须通过艺术教育、美术馆体系、展览机构等去保护和培植艺术。政府将"培植艺术"列入宪法，用意是帮助第一次世界大战后陷入贫苦境遇的艺术家们。魏玛共和国在 1928 年首度宣布让艺术家参与公共建筑物的创作，此项政策使艺术家能够参与空间的美化等公共事务。20 世纪 20 年代，汉堡市也推行了赞助艺术家的政策，通过公共建筑计划措施帮助自由创作的艺术家有机会从事建筑物雕塑和壁画创作，以度过当时的全球经济危机。

德国汉堡市"建筑物艺术"的设置和执行具有悠久传统，这里的户外艺术最早可追溯到中世纪，数百年来，汉堡的城市面貌不只是受益于建筑物和城市规划，同时户外艺术也为城市面貌注入了活力。此三者成为汉堡市城市发展的助推器。汉堡市的建筑物、城市规划和户外艺术既是城市发展的形象需求，也是市民的自觉要求，更是城市形象的名片。透过古迹和城市艺术品，人们可以重新审视这个城市的精神面貌。

第二次世界大战后，在艺术团体的压力下，政府于 1952 年开始执行"建筑物艺术"的政策，规定至少 1% 的公共建筑经费用于设置艺术品。

（二）城市美化运动

1820 年以前，巴塞罗那是一个缺少公共空间的城市，公共空间中的艺术品更是凤毛麟角。市民对公共空间艺术的需求最终引发了 1860 年《赛尔达规划案》的实施。

巴塞罗那经改造完成了棋盘式城市布局，初现现代都市格局，但公共空间，尤其是公共空间艺术品的匮乏日益突显。为了迎接 1888 年巴塞罗那市第一次举办万国博览会，巴塞罗那加快了城市美化的步伐，1880 年巴塞罗那通过《裴塞拉案》，从国家的利益出发，指出建筑具有政治利益，所有的公共建筑物具有代表国家（地方）形象的作用，让民众欣喜，让商业兴隆，让人民引以为荣。在这种意识的主导下，城市注重地方形象，开始大量进行文化建设，其中的重要手段就是在城市公共空间设置艺术品，而衍生出来的文化政策相继出台。这个法案最终促成了巴塞罗那的公共空间及雕塑品创作的第一个高峰期，奠定了巴塞罗那艺术之城的基础。

同时期美国首都华盛顿 1900 年迎来建城百年纪念活动，以此为契机提出了城市改造规划。它使众多市民对公共设施发生了兴趣，城市面貌成了热门话题。由此发起的"美化城市运动"试图在城市人群中建立起归属感和自豪感，使普通人的道德观念良性发展，他们向欧洲学习，将艺术植入城市肌体，大大提升了城市的文化形象。

（三）"百分比艺术"登场

在美国华盛顿 1927 年的联邦三角区项目中，邮政部大楼建筑预算的 2% 划分给了装饰它的雕塑，司法部花费 28 万美元用于艺术装饰，国家档案馆亦为艺术品花费了预算的 4%，这一项目开启了公共艺术百分比政策的先河。

美国政府在它的建设预算中调拨一部分经费用于艺术品并不是新生事物，在"建筑物艺术"的时代，建筑师和艺术家们设计的建筑装饰，如浮雕、壁画被认为是建筑物必需的附属品，但上述三个项目的艺术品超越了建筑附属品的范围，成为"百分比艺术"政策的试金石。

快速发展的 20 世纪 20 年代，为联邦建筑物购买的艺术品被视为经典设计的必要组成部分。从公共艺术政策的角度看，"百分比艺术"的概念可以追溯到 1933 年罗斯福总统推行的"新政"和财政部的《绘画与雕塑条例》（始于 1934 年），该条例规定联邦建设费用划分出大约 1% 用于新建筑的艺术装饰。

1933 年，罗斯福总统推行"新政"，由政府出面组建"公共设施的艺术项目"机构，请艺术家为国家公共建筑物、设施、环境空间创作艺术品，这项由 WPA（Works Progress Adminstration）主持的联邦艺术方案，可以看做国家公共艺术政策的雏形。

第二次世界大战后，随着美国国力的增强，大批艺术家定居美国，使美国成为世界现代艺术的中心，国家政治、经济、文化的发展，提高了人们对生活品质的需求。1954 年美国最高法院宣告，国家建设应该实质与精神兼顾，要注意美学，创造更宏观的福利。这项具有前瞻性的宣言真正将公共艺术纳入城市的整体需求之中，提升了公共艺术的城市职能。

第三节　城市公共空间艺术发展路径

在中国明、清时期，古典园林走向发展的最高潮。之后长达百年的战乱以及新中国刚刚成立之初面临的众多困难，一直阻碍着现代城市公共环境的发展。直到现在，距离完备的艺术化的城市空间仍然有很长的路要走。即便是目前，在我国，谈及公共空间的艺术品大多还停留在城市雕塑的概念上。自 20 世纪 70 年代改革开放，经济获得了空前发展，城市建设和改造加速进行，到 20 世纪 90 年代，在媒体的大力宣传下，城市雕塑愈发受到重视，但它缺乏民众的亲近性，即便富有美学价值，也会随时间和社会的发展而渐渐流失，所以，我国公共艺术还有很长的路要走，这是发展中国家所面临的问题——为了经济发展而难以顾及环境品质。并且，艺术与公共空间及公众生活亲密接触也面临很多现实的困难，比如艺术家和公众能否相互接受，这是一个需要长时间磨合的过程，要待国家发展，以及国民教育、素质综合提升后，方有余力追求美好的生活环境和较高的公共艺术品质。

当前建设中国公共艺术的关键是社会公共领域的确立，而公共领域建立在每个社会个体相互理解和交流的基础上，它的前提是对每个社会个体的充分尊重，因此，要真正让艺术成为公共的，就要保证公民的文化权利和艺术权利在现实中得以实现。

一、城市化进程拓展公共艺术的发展空间

我国公共艺术发展的早期以城市雕塑为主要表现形式。改革开放前的近30 年，深受苏联的纪念碑影响。20 世纪 60~70 年代是群众参与艺术活动最为活跃的时代。各种雕塑、宣传壁画、标语、板报等出现在我国的城市和乡村。从某种意义上说，它比今天的某些公共空间的艺术作品更具有公共艺术的特征。以城市公共空间中的雕塑、壁画为主要表现形式的公共艺术建设，在一定范围和程度上分布在中国大多数大中型城市甚至乡镇。

改革开放后，我国进入城市雕塑时期。尤其在 20 世纪末，以"城市雕塑"为名目的公共艺术项目建设广泛进入公众视野，成为城市景观的组成部分，以及城市形象和区域文化主题的视觉标识。20 世纪 90 年代中后期公共艺术进入人们的视野，其公共艺术概念全面地从西方引入。在此期间，公共艺术在中国的发展异常迅猛。首先，公共艺术学术展览在各地都有举办，其学术成果已经运用在当今中国的城市公共空间艺术品的创作中。公共艺术的学术研讨在各地举办多次，已经积淀了具有中国特色的公共艺术理论，一些美术院校还专门为之成立了公共艺术系或者专业，培养公共艺术人才，以适应不可逆转的社会需求。公共艺术在中国，尤其是北京、上海等大都市和省

会城市已经实实在在地融入公共场所，成为人们都市生活中不可缺少的组成部分，浮雕、壁画、标志等公共艺术品随处可见。有的作品在广场上用于装点当代城市的宏伟风貌，更多的作品则融进绿地、社区与街道。虽然公共艺术概念引进以前有不少格式化的纪念碑雕塑，但是这近十年间诞生的公共艺术品的数量远远大于过去几十年的总和，其中一部分作品还有很高的艺术质量。其次，城市管理者对公共艺术的政策意识、城市公众对公共艺术的参与意识逐渐增强。这充分表现在目前大量社区建设时公共艺术设施的设置，以及城市规划中大量公共艺术作品的出现。

中国真正意义上公共艺术概念的提出是从 20 世纪 90 年代中期开始的。随着城市化进程的加快，人们的城市环境意识不断提高，掀起了一阵"壁画热""雕塑热"，这是公共艺术在中国初步发展的阶段。在当时，城市雕塑成为公共艺术的主要形式。以北京为例，在 1984 年，北京就建立了我国第一个以雕塑为主题的"石景山雕塑公园"，长安街沿线也汇聚了众多城市雕塑和其他公共艺术作品。可以说，公共艺术的繁荣是我国社会经济的快速发展和我国城市化速度加快带来的产物，但是，伴随着社会转型的加快，整个社会的文化价值结构开始转向以经济商业利益为主导，因此，公共艺术发展也就偏向与商业社会相吻合的发展，出现了一批以盈利为目的的商业艺术，充斥着各种公共空间。同时，20 世纪 90 年代受波普艺术的影响，公共艺术又呈现出大众参与的态势。从而使得 20 世纪 90 年代以来，公共艺术表现出集大众化、个性化、娱乐化和商业化为一体的特征，写实艺术、波普艺术等艺术风格并存，呈现多元化的态势。

在我国，公共艺术还是一个比较新的概念。这个概念的提出及公共艺术在城市中的大量出现是在 20 世纪 90 年代，与社会转型时期城市公共领域的不断增多和市民社会的逐步形成密切关联。可以说，公共艺术理念在我国城市的不断深入和其文化价值的突显是我国社会经济的长足发展、政治体制的逐步完善以及我国城市化速度加快的必然结果。城市化是社会生产力发展到一定阶段的必然产物，也是人类的重要文明成果之一。不少国家都把城市化作为衡量其现代化程度的一把标尺。将公共艺术的课题放到整个城市的文化政策中来看，具有特别的意义。与一般艺术不同，公共艺术可以改变整个社会对于艺术的认知。如果公共艺术的推动可以彻底成功地执行，城市将会有另外一番面貌。

公共艺术具有明显的城市化审美特征，是城市化的产物。中国城市化进程的不断加快，必然会带动城市环境建设的高速发展，公共艺术的发生与发展恰恰在各大、中、小城市的空间中，更是为城市环境建设而服务的艺术设计行为，因此，它也是城市化的产物，带有十分明显的城市化特征。

城市表现形式的多样化和艺术化。在这个高度信息化的时代，纯艺术与纯设计之间越来越体现出一种相互融合的趋势，也就是设计艺术化。有相当多的具备实用功能的设计作品越来越多地考虑人们在欣赏和使用时产生的诗意和艺术的联想，而艺术家越来越多地运用新的手段、新的媒介和新的科技等来表达自我艺术。公共艺术正是介乎纯艺术与纯设计之间的一门综合、边缘性新学科。众多学科交叉所形成的中国公共艺术的发展，也顺应了这种趋势，同时也是这种趋势的集中体现。时至今日，设计已经由一种具体的技术手段，转变成一种文化——设计文化；艺术也不再是高高在上、凌驾于大众之上的，而是与社会互动，源于社会，将艺术的真善美在社会中普及，真正为社会所用，体现社会所想；公共艺术则以更加积极的姿态担负起这种社会责任，参与人类大环境的创造事业。

二、政治文明推进公共领域立法

公共性的前提条件是艺术形式发展建立在民主政治制度的基础之上，公众拥有参与公共艺术决议、作品设置以及对作品评价的权利。

公共艺术的概念和初步实践在当代中国登场，首先得益于国家政治和文化渐趋开放的大环境，以及国际间艺术文化的引进和民间的文化交流；其次，得益于国内城市建设以及市场经济的长足发展；再次，得益于以艺术及设计教育为中心的一些大学及相关的学术界、知识界的推动，从而使得公共艺术在当代中国——主要是在经济和社会文化发展较快的各大型及中型城市，尤其是超大型城市和近些年得到快速发展的城市、地区，取得了一些先行实践的初步成效。可以说，这些社会背景和时代氛围是公共艺术在中国发展的重要前提条件。当前，我国许多大城市强调对公共文化设施的建设与公共文化活动的开展，但大多共性有余，而个性不足。这里的个性不足，实际上也就是由于对民族意识、地域文化、审美理想、时代精神的理解不足所致。公共文化是一门综合性的文化艺术门类，任何一个公共空间都有特定的自然和人文特征，这是公共艺术品创作的前提条件，从内容到形式都要与之相统一。

然而以公众参与和受益为根本属性的公共艺术在当代中国的成长和发展还处在初级阶段，这是由多种现实因素决定的。我们的政府和专家也一直试图发现问题和寻求解决之道。2008年1月，在全国宣传思想工作会议上，强调了加强公共文化服务体系建设的重要性，并明确提出落实从城市住房开发投资中提取1%用于社区公共艺术设施建设的政策，积极引导社会力量以兴办实体、捐赠、赞助，免费提供设施等多种形式参与公共文化服务的要求。新时期城市环境需求带来全新的城市文化需求，城市自身开始将艺术审美作为目标，艺术营造城市空间，表现城市风貌，宣扬城市精神，从而激发公众的参与度，达到城市人群和公共艺术的和谐发展。

尤尔根·哈贝马斯的公共领域是一种理想状态，他以18世纪的法国、英国和德国的历史为背景得出此理想类型，在成熟的公共领域形成之前，它的雏形是在资产阶级社会中出现的俱乐部、咖啡馆、沙龙、杂志和报纸——是一个公众讨论公众问题、自由交往的准公共领域，它们形成了政治权威重要的合法性基础，公共领域是否合法和代表民意，要看它是否在公共领域之中得到了经由辩论而产生的公共舆论的支持。

公共领域理论落实到生活的核心就是在国家和私人领域之外建构一个自由交流的，可以容纳多元社会政治伦理的空间，而把它引入当代艺术领域，则意味着在当代艺术的多元性中应该产生一种维度以满足这种需求。具体来说，从这一维度进行考量的当代艺术的实现方式和价值内涵上都应该包含这种公共性，决定当代公共艺术的存在方式、资本投入、利益分享等关键性问题，实现真正的自由交流、民主参与、舆论监督。作为大公共领域"场域"中的一部分，公共艺术的公共领域应当具备公共领域所具有的一些特点。公共领域是与国家权力不同的空间，相对应的是官方控制下的艺术空间。同时，它应当具有平等性。艺术公共领域特指讨论艺术的一个社会场所，这个"场"是由不同身份、不同职业、不同年龄和不同性别组成的，不存在等级问题和高低之分，每个人都可以利用自己的社会影响力发表自己的观点，互相博弈，共同遵守某一经大多数社会公众认可的游戏规则，这一规则不是自上而下的权力意志的产物，也不仅仅是法规的强制性力量，而是一种现代社会在共同的文化价值观上形成的一套潜规则，从而形成一个允许有不同观点甚至相互对立的观点的"场域"。每个"平等的人"可以通过这一领域证明自己的价值，或是出类拔萃，或是占主导地位，但不可能存在只有一种观点和看法是唯一的，是永恒真理的现象，它们犹如浩瀚星空里的星体，可以彼此有摩擦和碰撞，但彼此间还是能"相处"的，这个场域应该是谱系学性质的，不存在"唯一"和绝对真理。

艺术公共领域应该具有开放性。艺术公共领域的平等性决定了它的开放性，因为它是由不同职业、不同身份、不同年龄和不同性别的人组成的，所以它理应是开放的；艺术公共领域还应具有批判性，批判性是公共领域的首要功能，因此艺术公共领域相应地也应当首先具有批判的功能。

第四节　人文景观设计的内容构成

一、人文景观的内涵

在地理学中，"景观"的含义比较广泛：（1）泛指地表示自然景色；（2）某个区域的综合特征，包括自然、经济、人文诸多方面；（3）人与环境的有机整体。

从人类活动的多角度来分析，景观可分为自然景观和人文景观。自然景观是指未受人类活动影响或只受轻微影响，而其原有自然面貌没有发生明显变化的景观；人文景观是指受到人类直接影响和长期作用，而使自然面貌发生明显变化的景观，又可称为文化景观。人类按照其文化的标准对天然环境中的自然和生物现象施加影响，并把它们改变成为文化景观。

二、人文景观的社会属性

人类活动促使人文景观的出现，而人文景观具有明显的社会性特征。

（一）政治、经济因素

在地球表面的各种自然景观和人文景观组成一个巨大的地表综合体。人类的出现对地球表面景的形成和发展具有极大地影响，自然景观被改造，人文景观被创造。由于人类生存与活动的自然环境存在着较大的差异，因此，人类的政治、经济、文化等也都存在着明显的差异，人文景观也呈现出丰富多彩的差异性。

政治往往在人文景观当中烙上深深的印记，每个历史时期，人文景观都呈现出不同的风格特征。如古希腊城邦的形成及其建制，中国皇宫、陵寝等建筑中的"皇权"特征。不同的经济制度、经济形势同样会对人文景观产生影响。简言之，经济繁荣，人文景观兴盛；建筑规模巨大、人文内涵丰富；社会经济的影响作用显而易见。比如，社会经济发展的快慢直接影响着建筑的发展；反过来，建筑的变革发展也促进经济的发展，带动社会的进步。政治、经济因素在某一历史阶段可直接起决定作用。

（二）科学、文化因素

人文景观始终与科学文化密切关联。人类处于茹毛饮血时期，生存还是个问题，也就不可能去欣赏"景观"、建造"景观"。但有一点可以肯定，我们的祖先在与大自然的斗争过程中，学会并积累了有利于生存和发展的知识，提高了抗拒自然灾害和外来侵袭的能力。经过一代又一代的薪火传承，推动了人类物质文明的进步和发展。人文景观体现着人类的智慧和文化的积淀。如河姆渡遗址，是世界著名的新石器时代遗址，其干阑式建筑考虑了冬暖夏凉的居住要求，朝南、偏东 $8° \sim 10°$ 的朝向设计无疑昭示着科学文明的光芒。还有众多巍峨的宫殿、秀丽的园林、古朴的寺庙、奇特的楼塔、精妙的桥梁等建筑，都显示着科技的发展和文明的进步。

（三）宗教、传统因素

人文景观反映着人类丰富多彩的文化活动。由于地理位置的不同，在地球上的不同区域形成了多种人文景观模式，而人文景观除了当代景观以外，大多是人类历史发展的产物，在其景观的内容、形式、结构、风格等因素中都有其深刻的历史印迹和传统特色。因此，宗教因素和传统习俗等人文因素对景观的影响颇深，如教堂、祭台、古刹、古塔、民居等。

三、人文景观的本质属性

人文景观是整个人类生产、生活活动的艺术成果和文化结晶，是人类对自身发展过程的科学的、艺术的概括，是物化的历史。人文是内涵，是精神方面的东西；景观是物质基础，是人文的载体。人文景观体现着深厚的文化积淀，具有审美价值和审美意义。

1972 年 11 月 16 日，在巴黎召开的联合国教育、科学及文化组织大会第

17 届会议上通过了《保护世界文化和自然遗产公约》，并于 1975 年 12 月 17
日生效。这一公约对自然景观和人文景观遗产资源的认识和保护，提供了更
为全面的价值评价、分析与参照。《保护世界文化和自然遗产公约》要求列
入《世界遗产名录》的文化遗产应具有以下任何一种特质：代表一种独特的
艺术成就、一种创造性的天才杰作；在一定时期内或世界某一文化区域内，
对建筑艺术、城镇规划或景观设计方面的发展产生过重大影响；能为一种现
实的或为一种消逝的文明或文化传统提供一种独特的或至少是特殊的见证；
可作为一种类型建筑物或建筑群或景观的杰出范例，展示人类历史上一个或
几个重要阶段；可作为传统的人类居住地或使用地的杰出范例，代表一种或
几种文化，尤其在不可逆转的变化之下容易毁损的地点等。世界遗产要求的
不仅仅是少数决策者对文化遗产的重视，而且，要求每一个和遗产发生关系
的个人和单位都具有良好的环境观、审美观、大局观、历史文化和科学修养
以及优良的文明举止。人们精神境界和实际操守的净化与提升，无形中使社
会的凝聚力、进取心、自尊心和自豪感空前显现并大大增强，对景观人文的
深入研究很有现实意义和长远意义。

人文景观的本质属性可概括为自然性、景观性、人文性、审美性。

（一）自然性

自然性亦称为原生性。人文景观大都是以自然物质作为前提，人们充分
发挥自己的想象力和创造力，对自然进行加工、改造，形成自然美与人工美
的完美统一体。有的景观原本为自然景观，但因人的活动加之于其上而使其
有了显著的文化特性。如中国的泰山，本是自然山水风光，由于历代帝王的
封禅、勒石、修庙建祠，文人墨客的题诗作赋，使之洋溢着浓郁的文化气息，
堪称壮丽景观人文而无愧。但即便如此，我们仍不能只见"人杰"而无视
"地灵"这一自然特性。

（二）景观性

景观性又称艺术性。景，有景物、景致、景象、景色之意，即客观存在
的事物；观，观察、观赏、观光，即倾注了人的主观感受、主观意识。花因
感时而溅泪，鸟为恨别而惊心。能够触发人们强烈的审美意识之"景"，无疑
具有艺术性的特征。可供人们欣赏，这也是景之所以成为景观的要义所在。

(三) 人文性

文化就是由于人类活动添加在自然景观上的各种形式，人类按照其文化标准，对天然环境中的自然和生物现象施加影响，并把它们改变成为文化景观。人文景观主要表现为古园林、古建筑、古城镇、历史遗迹、文化遗产和民族风情等，所有这些，都是人类生产、生活和文化艺术活动的结晶，是各个不同历史时期文化艺术的反映，是物质文明与精神文明的高度统一体。在景观中可以寻找到文化发展的清晰脉络及其历史地位和文化价值。

(四) 审美性

作为文化有机组成的一部分，人文景观除了作为一般性的审美对象，更可从中解析出文化的"基因"，作文化教育意义上的判读。它不仅展示着自身的发生、变化过程，也展示着历史发展的轨迹，折射出人类文明的璀璨光芒。通过人文景观我们不仅能够获得美的享受，还能得到文化的教育和历史的启迪。

四、人文景观的内容构成

在中国人的观念中，人文与天文，即人与自然相随相伴，具有永恒的关系。人文景观的范围甚广，内容丰富。

园林景观的人文资源极为丰富，包含着自然的美、艺术的美和社会的美。因人的劳动而构建了别有灵气的家园。虽是"模山范水"，却也"宛自天开"。取法自然，师法自然，最重要的精髓是尊重自然。同时，园林又是多种艺术的综合体，与文学、绘画、书法、雕塑、工艺美术等相结合，创造了极为雅致的艺术意境，又与包括天文、地理、哲学、美学、植物、建筑、水文等在内的多种门类学科相结合，形成一座自成体系的园林艺术的"大观园"。历史沿革、园林法则及构建艺术的传承和演进，风格特点的差异变化，审美情趣的个性化，哲学观的凸现，经济的繁荣，科技的发展等，无不体现着人类为自身获取美的享受所作出的努力及取得的成果。

建筑景观是物化的历史，既要考察其现状，还要追溯其历史发展的过程，更要揭示出其个性特点和发展规律。我们在观赏时应尊重前人的创造，珍惜文明的成果，保护人类共同的财富。从河姆渡的水井到民居旁的池塘，从巢居穴居到高楼崇阁，都显现着人类文明的进步轨迹。

对于曾经历过"天当被、地当床"的人类来说，不仅需要关注生活的空间——房屋，还要关注活动的空间——城市，以及生存的空间——自然环境。古人"傍水而居""风水至上"，正说明了人类基于"趋利避害"的心理和生存发展的需要，重视与自然密不可分的关系。人类在对自然万物的观照中，也得到美的享受，感悟到自身生命的价值和意义。人与自然的和谐相处，是人类共同的美好愿望。随着社会的发展、科技的进步，人对自然环境的关注也日益加强。美化、优化人类生存、生活的环境，是现代文明建设的一项重要内容。保护、开发、利用好景观资源的前提，应当是充分认识其价值。面对一个湖、一条江、一座山、一片林、一个洞穴，乃至一块石头，都需要我们倾注一种情感、一份关爱。人类应以博大的胸怀，去珍惜大自然赐予我们的生存环境。同样，作为人类文明的成果之一的城市也是如此。城市有文脉，我们无法也不应割断历史。然而在现实条件下，这文脉又是如此的脆弱，一不小心，就会丧失于现代人的所谓"文明"建设之中。一个城市的文明标志，并不在于它在古老文化废墟上兴建了多少座耀眼夺目的现代化高楼大厦，而更应该看重她对民族文化遗产的爱护和保留。一个物种的灭绝是重大损失，一种文化及其表达方式的灭绝也是无法弥补的损失。

人文并非点缀，而是一种文化的因素和生命信息的再现；景观不仅是风景，也是历史的延续。

第五节　城市公共艺术人文景观呈现

现代城市对景观的需求影响着现代社会对公共艺术作品的需求。不同艺术氛围的公共艺术作品为城市景观留下不同的标识，并承载着城市的记忆。城市公共艺术人文景观的呈现具有它自身的独特规律和审美特点。

一、城市公共艺术人文景观的分类与特点

（一）造型与城市公共艺术

1. 雕塑

雕塑是指艺术家使用一定的物质文化实体，通过雕、刻、铸、锻等手段，

创造出实在的体积形象，以表达审美或反映审美感受的艺术形式。但这里探讨的雕塑有别于传统意义上的雕塑，是从广义的角度，把雕塑作为一种环境空间的造型因素来看待。雕塑的创作形式主要包括圆雕和浮雕两种。以功能属性来划分，又分为主题性雕塑、标识性雕塑、景观装饰性雕塑、建筑性雕塑等几种。

（1）雕塑的创作形式。

1）圆雕。即创作主题不附着在任何背景之上，观众可以从多角度、多视点欣赏，完全占有三维空间的立体的雕塑形态。圆雕在公共艺术创作中的运用十分广泛，如意大利雕塑大师米开朗基罗的《大卫》和法国著名的雕塑大师罗丹的《吻》等。对雕塑《吻》，不论你从哪个角度、哪个方面欣赏它，它都会在你眼前展现出饱满充实的体积、鲜活的人物形象。由于罗丹高超的雕塑艺术才能，《吻》成为传世佳作。

2）浮雕。指在平面上雕出凸起形象的雕塑形态。依据表面突出厚度的不同，浮雕又分为高浮雕、浅浮雕或介于高浅之间的雕塑形态。巴黎凯旋门上的《马赛曲》，就是一件世人皆知的浮雕作品。它既是一座反映1792年法国马赛人民保卫祖国、英勇反抗奥匈军队干涉法国革命的纪念碑，又是一尊象征人民民主思想的纪念性浮雕作品。北京天安门广场的人民英雄纪念碑就是以民主解放为表现内容的介于圆雕和浮雕之间的雕塑形态，它是在浮雕的基础上镂空其背景部分，让浮雕中的局部形象呈三度空间的实体圆雕。

（2）雕塑的特征功能分类。

1）主题性雕塑。公共雕塑的主题是指通过具体的艺术形象表现出来的基本思想，是在创作过程中贯穿的精神力量，是精神意志的表现结果。作品的整个创作过程都是围绕主题展开的，所有的形式与表现都是服务于主题的。这类雕塑具有强烈的主题归属性，主题性的表述是它成立和表达的根本。

2）纪念性雕塑。这类雕塑是对人类自身客观发展历史的主观刻画和描述，特定的历史时期会赋予作品特殊的价值和地位。

3）标识性雕塑。标识性也是标志性，是表明特征的记号。公共雕塑具有很强的标识性，在区域或功能上具有标识、标志、说明、主导和概括的作用。公共雕塑作为一种具有公共形象功能的艺术品，通常起到一种显示区域和功能特征、传达区域或环境信息的作用。

4）公共景观雕塑。景观是指通过建筑、交通、绿化等设计营造的一种带有艺术形式的环境，公共景观的特征是具有开放性、交流性、参考性、使用性、艺术性和公众性。公共景观雕塑是以公共景观为平台的一种雕塑形式，无论在内容上还是形式上都具有公共景观的特征，其功能主要是创造景致，满足观赏和装饰的要求。

5）建筑性雕塑。雕塑与建筑这两种艺术形态自古以来就有着深刻而广泛的联系。建筑性雕塑是指将建筑特有的构筑性语言运用于雕塑的空间处理上。从艺术集合的角度来看，雕塑与建筑在构筑性、空间性、文化性、精神性、公共性、技术性等方面有着广泛的内在联系，共同具有体、线条、色调、材质等因素的空间造型特性，它们都是可视性的形体对视知觉的直接倾诉，有着视觉活动的一般规律。

公共雕塑与公共范畴内的物态都发生着联系，而且这种联系是互为影响的。随着新的艺术观念的产生、新技术和新材料的发明、新空间的开拓，公共雕塑的发展越来越具有建筑的视觉特征。加深对建筑艺术表现的认识，可以使我们拓宽视野；建筑艺术也可以给公共雕塑的创作在形式表现上起借鉴和启示作用。

2. 壁画

壁画艺术是表现人类精神世界的一种独特形式，其表现形式较为广泛，既有具象写实的，也有抽象写意的；既可以是象征的，也可以是浪漫的。壁画艺术丰富的表现内容与表现手法形成有机的联系，并与建筑物相结合，给人带来的艺术感受是其他绘画形式无法给予的。

现代壁画艺术在传统表现方式的基础上不断地进行发展和创新，使自身的视觉感染力不断得以提高，审美、内涵不断获得丰富，这一切应归于在时代的变化中人的审美与情感的升华和建筑本身的形式和环境的变化。现代壁画艺术兼顾应用目的，依赖环境条件，体现公众意识，以社会整体理想为价值追求，是现代公共艺术的有机组成部分。

（1）壁画对空间的依附。壁画艺术有别于架上绘画的一大特征是它一定要依附于特定的建筑或空间环境，要与建筑形成有机的结合，成为互动的整体。从现代城市建设的角度来讲，壁画艺术与公共环境的相互依附，极大地丰富了艺术整体的形态，并加强了对美感的表现。建筑是壁画的依附体，全面体会建筑功能以及空间上的差异，对准确把握作品的尺度和美化建筑墙面尤为重要。

（2）壁画对精神空间的营造。壁画艺术具有使物质化的建筑空间环境向内在精神转化的作用。壁画创作通过装饰对空间进行再创造的手法是一般装饰手法所不能替代的。因为壁画创作是采用艺术的手法重新装饰公共空间，它使整体环境空间具有了极其饱满的精神内涵与公共审美价值，形成了建筑与环境的总体新氛围。

（3）壁画创作材料与审美。新材料与新技术的结合运用能使壁画艺术产生强烈的视觉张力，而材料本身的抽象肌理、质感、光泽、韵味等自然属性则给人带来无穷的回味与审美享受。壁画常用材料主要包括以下几种：

1）丙烯。常用于室内空间壁画与装饰。

2）陶瓷。多用于室外环境。

3）金属。如铸铜、锻铜、复合铜、不锈钢等，室内外均可使用。

4）石材。室内外均可使用。

5）毛线、丝线、麻线。一般用于室内。

6）木材。多用于室内。

7）漆画。多用于室内。

8）玻璃。如喷砂、磨砂、刻花等，多用于室内。

9）马赛克镶嵌。多用于室外。

（4）壁画的表现种类。壁画艺术的特点，决定了壁画这一特殊形式有着丰富多彩的种类，不同的环境决定了壁画的内容和形式。

1）题材的分类。有叙事性、象征性、浪漫性、装饰性等。

2）材料的分类。有绘制类、软质材料类和硬质材料类。

3）维度的分类。有平面类、浮雕类、平面与立体的结合类。

4）形象的分类。有具象类和抽象类。

5）观念的分类。有视觉造型类和观念表达类。

3. 现代陶艺

作为造型艺术，现代陶艺有别于传统陶艺。它是以人类对艺术本质的渴求为出发点，以私人收藏和个人心理体验为主，并且和公共空间相融合，以陶瓷材料为媒介的环境型艺术形态。其特征主要以陶土和瓷土为材料，但不囿于传统陶艺的创作规范。在造型、用釉、烧成、展示方式等方面都有大胆创新，追求符合大众审美的观念，强调公共精神的艺术表达，彻底抛弃传统陶瓷必须实用的观念。

（1）陶瓷作品的成型过程。

1）拉坯成型。拉坯作为一种成型手段，是很多艺术家选择的成型方法，也有很多艺术家在拉完坯后再将它进行切割或重新组合。在这一过程中要注意消除泥里的气泡，以防止拉坯时遭到破坏或烧成阶段因空气受热而膨胀爆裂。起坯前泥的厚薄要均匀适中，否则将无法拉出均匀的适型。

2）修坯。就是把拉坯的底部修匀，修坯也是调整造型的一个重要阶段。

3）手工成型。手工成型是除特定的拉坯之外的几乎所有用手直接把泥制成作品的成型过程，这是一个综合的过程。

4）模具成型。这是一种把泥片放进石膏模具中而成型的方法。这种方法在生产中较普及，因为模具成型可以既快又准确地把形复制出来。还有很多艺术家在把形从模具中取出后会根据需要进行重新组装。另一种方法是介于泥片成型和模具成型之间，这种方法更多地用在对表面肌理的塑造上，即用泥片直接在对象上制取从而得到如肌理、文字、印记等效果。此类模具成型方法的运用通常要配合其他成型方法。

（2）成型后的烧成方法。

1）柴烧。即用柴作燃料的烧成。柴分两种，一种是轻质柴，另一种为硬质柴。柴烧的主要特点就是柴灰对作品会产生影响，柴灰中含有各种氧化物，由于柴窑燃烧时间长，尤其在高温阶段，柴灰中的各种化学元素会开始熔化成釉，因此使同一作品的表面会出现很多想象不到的效果。

2）苏打烧。苏打即碳酸钠，是组成釉的溶剂之一。将配制的苏打液体在高温时通过喷火口送至窑中，苏打液体会变成雾状的釉，随火的走势不均，它与作品原来的釉或泥产生混合并使表面发生变化，产生极富变化的视觉效果。

3）盐烧。盐烧是德国人首先发明并投入使用的，原理同苏打烧，但因氯化钠分子比碳酸钠分子大，所以盐烧比苏打烧更为粗犷些。

4）乐烧。这是一种即时性很强的烧成方法。在釉溶化后，从窑里把作品拿出放在盛满纸和木屑的桶中或直接在窑中处理，利用烧成过程中的偶然性制造变化丰富的效果。

（二）环境与城市公共艺术

1. 景观装置

装置艺术和传统的架上绘画艺术不同，它自诞生起就和建筑景观空间有着密切关系。装置是一种从形态到构造的艺术呈现的过程，和景观艺术的理念不谋而合，认为参观者必须进入艺术品本身所在"现场"。装置创作基本上不受定义约束，可随意运用一切所需要的任何艺术手段和材料，并逐渐成为现代环境中十分重要的道具和具有公共性和交流性的艺术类型之一。

（1）装置艺术的特征。可自由地使用各门类的艺术手段，不受限制地综合使用多门类艺术形式，它在发展过程中形成了和其他艺术不同的特征。

第一，装置艺术就是一个能使观众置身其中的环境，"场所"是装置作品的一个元素。

第二，装置艺术是艺术家根据特定的时空创作出的一种整体艺术。

第三，装置艺术的整体性要求其必须具有独立的空间，在视觉、听觉等方面不受其他作品的影响和干扰。

第四，观众的介入和参与是装置艺术不可分割的一部分。

第五，装置艺术创造景观用来包容观众，迫使观众在界定的空间内自由地被动观赏并产生种种感觉，这些感觉包括视觉、听觉、触觉、嗅觉和味觉等。

第六，装置艺术是一种开放的艺术，它能自由地、综合地使用绘画、雕塑、建筑、音乐、戏剧、诗歌、散文、电影、电视、录音、录像、摄影等任何能够使用的艺术形式。

第七，装置艺术的作品是可变的，可以在展览会期间改变组合，或在异地展览时加以增减或重新组合。

（2）装置艺术创作的原则。作为环境艺术的一部分，其创作必须服从和服务于城市环境的整体。

首先，装置艺术在公共环境中是作为和环境共存的事物呈现的，因此要注重作品和环境的匹配、兼容与协调，不能脱离环境因素与人文传统的联系，只有这样才能完成形态空间之美更深层次的表达。

其次，在创作设计过程中，需充分考虑功能与自然的关系，从设计、施工等都要强调与环境设施和自然环境的空间布局、景观视觉的相融性，使构筑物从形象特征、材料质感等方面达到与自然的和谐。

2. 景观小品

英文 Landscape 一词来源于荷兰语的 Landskip，特指风景，主要是指自然风景，尤其指自然风景画，包括画框和画中的景物。"小品"原指简短的杂文或其他短小的表现形式，景观小品还有一个含义就是指设施。

景观小品，指的是在特定的环境中供人使用和欣赏的构筑物。景观小品在景观中有着非常重要的作用，它是景观环境中的一部分，有着实用和艺术审美的双重功能。景观小品是景观环境中的一个视觉亮点，能够吸引人们停留、驻足。景观小品要满足两个需要，一是欣赏的需要，如尺寸、比例、外观、颜色等要符合人们的欣赏要求；二是提供服务的需求，要满足人在景观中行为上的需要。所以，好的景观小品是艺术与功能两者完美的结合。

景观小品作为景观空间的基础而存在，主要包括功能类与艺术类两大类别。

功能类有标识、灯具、桌椅、垃圾箱、电话厅、公交候车厅、消防栓、饮水机等。

艺术类有花坛、花廊、喷泉、置石、盆景、艺术铺装、浮雕等。

3. 室内置景

室内置景是与室内装饰的艺术营造手段结合而产生的，它所产生的效果建立在空间造型基础之上，其形式和风格往往成为整个空间的主导者。雕塑、壁画、水景、绿化、色彩、综合材料和现代装置等手段都可以用来美化室内空间。由于室内空间的限制，室内置景具有以下特点：

第一，室内公共空间作为人们公共交往的场所，应以符合场所审美情趣和功能需要为目的来设置和创作室内空间的形式和装饰。

第二，创作形态不能脱离建筑的影响而单独存在，室内置景设计离不开对室内空间环境变化特点的审视，其风格和形式应是建筑风格及形式的延伸，要反映建筑的设计思想和审美。

第三，公共室内空间一般都存在于大型的交互空间，如商场、银行、酒店及展馆等之内，室内置景往往是展示室内风格的点睛之笔，作品一般都占据室内空间的中心位置，作品的尺度及视觉形象都富有一定的亲和力或感染力，给空间增添了不少文化气息，给人们带来了丰富的视觉乐趣。

第四，室内公共创作具有突出和协调室内装饰风格的作用。造型艺术创作既可以延伸与呼应建筑形式及风格，起到突出或强调的作用；也可以用一定的艺术元素或造型手段营造或协调空间氛围，改变建筑原本的冷漠与僵硬。

第五，室内置景涉及的公共空间尺度虽有限，但却富有变化。因此，艺术创作要依据空间的变化及功能上的要求，既要考虑到空间转换的功能，又要把创作形态以多点的、延续的及分散的形式对空间的延伸走向加以引导，从而完成视觉审美和空间功能的统一。

4. 地景造型

地景造型是指以大地的平面和自然起伏所形成的立面空间环境作为艺术创作背景，运用自然的材料和雕塑、壁画、装置等艺术手法来创作具有审美观念的实践和环境美化功能的艺术创造与创意活动。就地景艺术的观赏效果和实用作用而言，有的以独立的艺术观赏形式出现，有的要求与城市土地规划及生态景观设计相协调。前者如大地艺术，而后者则指现代城市化发展过程中对水体边坡的治理和装饰、高速公路断背山及大坝立面和矿产开采留下的"飞白"处理等。尽管艺术家的动机和资金来源各不相同，艺术创作的功能指向也不尽相同，但地景艺术（包括艺术史上的"大地艺术"）为现代公共性的视觉艺术形式及观念性的艺术实践开辟了前所未有的创作空间。

从以水体、森林、泥土、岩石、沙漠、山峦、谷地、坡岸等地物地貌作为艺术表现的题材内容和公众审美的对象，到以立体真实的自然空间和公共环境作为艺术表现元素，地景造型作品在博大无言的自然之中构成了独特的审美意象。在地景艺术创作过程中，强调人与自然的平等和谐。作为一种艺术主张，它促使艺术审美走向室外空间，并体现了艺术与自然融合、贴近的理想。

地景造型作为环境艺术的一种，并不意味着是对自然的改观，而是对自然的稍加施工或修饰，在不失自然本来面目的前提下，唤起人们对环境的重新关注和思考，从中获取与平常不同的审美价值。地景艺术在创作过程中具有以下特点：

一是探求制作材料的平等化和无限化，打破生活与艺术之界限。

二是认为艺术应走出展馆，实现与人与自然的亲近与融合。

三是地景艺术存在的生命是短暂的，其目的在于唤起公众的参与。这种参与行为完全摆脱了实用性，人们只在游戏与幻想的行为中得到美的体验。

四是取材多样化，可取自森林、河流、山峦、沙漠等，甚至石柱、墙、建筑物、遗迹等。在制作中要经常保持材料的自然本质，在造型技法上可采用捆绑、堆积、架构的方式和方法。

五是地景造型是一项复杂、繁琐和工程浩大的劳动。艺术家在有了构思之后，要对建筑及环境作实地测绘，绘制众多效果图，制作模型，要有政府部门的立项批准，还要有在艺术家的规划指导下的众多人的参与，最后才得以完成。

六是方案从构思到设计到实施有时是一个漫长的等待过程，艺术家需要极高的素养、勇气和耐心。例如，克里斯托夫妇包装德国柏林国会大厦，1971 年完成了所有的设计，但直到 1994 年才得以批准。

地景艺术作为现代公共艺术的主要表现形式，从美术馆走入自然，除了思考和体现人与自然的内在审美联系外，还要对因现代社会发展带来的环境问题予以关注，比如因修建高速公路导致山体的裸露等。近几年随着民众生态意识的提高，要求解决类似问题的呼声很高，这为地景造型社会功能的发挥提供了广阔的空间。

（三）科技与城市公共艺术

1. 城市色彩

城市色彩是指城市空间中所有裸露物体外部被感知的色彩总和。城市色彩分为人工装饰色彩和自然色彩两类，前者指城市中所有地面建筑物、广场路面、人文景观、街道设施、交通工具等的色彩，而后者主要是指城市中裸露的土地、山石、草坪、树木、河流、海滨及天空等的色彩。城市色彩也是城市人文环境的重要组成部分，如江南是灰瓦白墙。一座城市如果随意切割和破坏传统色彩的组成，那么就会割断城市的人文脉络。

城市建筑色彩受当地建筑材料、工程技术影响很大，没有现代的工程建造技术和色彩材料的研发，城市色彩的规划设计和实施很难执行。城市色彩的设计原则主要有以下几点：

一是注重对原自然色的保护和利用。人工色彩表达了人们对所处环境的情感理想，是对大自然区域环境和季节特征的理想化的概括。城市色彩在规划设计过程中，要尽量保护原有自然，如树木、草地、河流、大海、岩山等的特征。

二是注重人工色彩的创造。城市建筑、广场、街道、桥梁、历史街区、交通工具、公共设施、功能性区块等都是城市规划和艺术创造的结果，是人工审美创造对现代工业文明的反映，因此在设计时可对城市局部形态进行色彩的夸张处理，使城市形象特征更加突出、更加美观。

三是注重对城市文脉的延续。城市色彩具有历史的延续性，因此现代城市色彩的规划和设计不能脱离历史遗存的影响，否则会对地域历史文化的脉络造成伤害，破坏地域文化特征。

四是注重城市色彩的协调性。自然色彩、历史色彩以及现代都市色彩设计要三位一体。不管是对区块功能的开发还是对色彩设计的更新都应注重其内在联系，城市色彩的有机协调保证了色彩规划和艺术创作更新周期的延续，使城市色彩既富有变化又和谐统一，从而彰显城市环境的区域功能、人文理想和时代特征。

2. 水景造型

在水景环境创作中，流、落、滞、喷四种基本形态能使艺术造型更具活力。水的运动方向可朝上喷、朝下流，也可静止或流动，只要有设施装置加以控制，即可变化出点、线、面、体等各种形态，使环境的视觉形态得以改善，还可通过声音、光线的变化来营造美的空间氛围。

水景造型的创作空间主要由自然空间和人造空间构成，前者主要包括湖泊、溪流、小河和瀑布等。水景的自然存在状态各具特色，有静止的、奔腾的，有纤细的、宽阔的，水景造型可以根据需要，合理地利用灯光、声音和人工。比如，美国把整个著名的尼亚加拉瀑布所在地区开辟成了国家公园，夜晚降临时瀑布被架在附近的灯光照射，呈现出五彩缤纷的迷人景象。

水景造型中对人造空间的设计在城市中的运用比较广泛，比如室内的公共空间，室外的广场、居民区、厂区、公园等。水的流动所产生的声音，如瀑布的轰鸣、小溪的潺潺，可以直接影响公众的情绪。而水景中的雕塑、建筑、装置的结合不但有利于营造亲和的环境气氛，还可以帮助传达艺术作品及构筑物的人文信息。

水景造型是艺术和技术相结合的产物，艺术效果的创造离不开对科技的运用，比如水景主题构建、防渗处理、防潮处理、水循环系统的生态处理等。喷泉是水景造型中常用的手段，通过水的压力使水喷出，但喷出的水的形态、距离、大小等要通过对判断压力配置的设置，喷孔的数目、大小及种类的选择等获得，从而创造出形态各异、活泼生动的水景造型。

3. 灯光造型

通过艺术家的不断研究和探索，更多的艺术表现形式在工程师的配合下被挖掘出来，水、烟雾、光、风、植物甚至火和爆炸等都进入了公共环境的创作和人们的体验范围。

人类透过光的存在形成对环境的感知，包括具体的和抽象的、形象的和幻想的。光作为一种传播媒介在人类和环境之间建立了一种永恒的联系，并暗含着精神意义。灯光造型在这里有两方面的意义。

一是光环境的营造。公共环境作为公众活动的场所，对光有着极高的依赖性，而现代种类繁多的发光体依靠人为控制，通过透光、折光、控光、滤光等技术的应用，对光环境的营造起到了重要的作用。光环境的营造不但使光的形态在构图、秩序和节奏上具有一定的视觉审美，也使其内涵更加丰富。它利用现实环境和虚拟环境的置换使人们在心理与精神上形成对现实的超越。

二是光是无形而不可触的，但数字时代的科技已经赋予它更多的意义。它作为艺术创造的媒介被运用于无限广阔的空间，各种形态和方式，如灯光配置、光雕艺术和光学全息装置等的出现，使光造型在公共环境的审美过程中成为重要的创作手段。

二、城市公共艺术人文景观的呈现方式

（一）构思与布局

1. 艺术设计构思

首先应该确立表现的形式要为环境艺术设计的内容服务，采用最感人、最形象、最易被视觉接受的表现形式，故公共环境艺术设计的构思就显得十分重要，要充分了解环境的内涵、风格等，做到构思新颖、切题，有感染力。构思的过程与方法大致有以下几种：

（1）创意想象。想象是构思的基点，想象以造型的知觉为中心，能产生明确而有意味的形象。通常所说的灵感，也就是知识和想象的积累与结晶，它是使设计构思开窍的一个源泉。

（2）少即多。构思的过程往往"叠加容易，合弃难"，构思时往往想得很多，堆砌得很多，对多余的细节爱不忍弃。张光宇先生说"多做减法，少做加法"。建筑设计家凡德罗的"少即多"设计原则，就是真切的经验之谈。对不重要的、微不足道的形象与细节，应该舍弃。

（3）象征。象征性的手法是艺术表现最得力的语言，用具象形象来表达抽象的概念或意境，也可用抽象的形象来意喻表达具体的事物，以为人们所接受。

（4）探索创新。流行的形式、常用的手法、俗套的语言，要尽可能避开不用；熟悉的构思方法、常见的构图、习惯性的技巧，都是创新构思表现的大敌。构思要新颖，就需要不落俗套、标新立异。要有创新的构思就必须有孜孜不倦的探索精神。

2. 布局设计

布局是设计方法和技巧的核心问题，有了好的创意和环境条件，但设计布局凌乱、没有章法，就不可能产生设计佳作。布局内容十分广泛，从总体规划到布局建筑的处理都会涉及。在庭院设计中，视觉上具有内聚的倾向，不是为了突出主体建筑物，而是借助建筑物和山水花草的配合来突出整个空间的意境。植被既是主景也是配景，围绕植物的种植把空间分割开来，有疏有密，有主有次，点线结合。但是最主要的一点，这些构图都是为了主体建筑物服务的。

重心是指物体内部各部分所受重力之合力的作用点。在环境艺术设计中，任何设计单元的重心位置都与视觉的安定有紧密关系。人的视觉安定与作品构图形式美的关系比较复杂。人的视线接触画面，并迅速由左上角到左下角，再通过中心部分至右上角及右下角，然后回到画面最吸引视线的中心视圈停留下来，这个中心点就是视觉重心。整个设计区域轮廓的变化、设计单元的聚散、色彩明暗的分布等都可对视觉重心产生影响。因此，设计作品重心的处理是设计构图的一个重要方面，作品所要表达的主题或重要信息不应偏离视觉重心太远。

随着社会进步和科技文化的发展，人们对美的形式法则的认识也在不断深化和发展。美的形式法则不是僵死的教条，应灵活体会和运用，使环境艺术设计与美的形式法则高度统一，从而更好地为设计服务。

（二）对称与均衡

1. 对称

对称是一个轴线两侧的形式以等量、等形、等距、反向的条件相互对应而存在的方式，这是最直观、最单纯、最典型的对称。自然界中许多植物、动物都具有对称的外观形式。人体也呈左右对称的形式。对称又分为完全对称、近似对称和回转对称等基本形式，由此延伸还有辐射对称等，如花瓣的相互关系。

2. 均衡

均衡是指布局上的等量不等形式的平衡。均衡与对称是互为联系的两个方面。对称能产生均衡感，而均衡又包括对称的因素在内。然而也有以打破均衡、对称布局而显示其形式美的。

在环境设计中对称的形态布局严谨、规整，在视觉上有自然、安定、均匀、协调、整齐、典雅、庄重、完美的朴素美感，符合人们的视觉习惯。对称可以让人产生一种极为轻松的心理反应，给一个设计注入对称的特征，更容易让观者的神经处于平衡状态，从而满足人的视觉和意识对平衡的要求。在环境设计中运用对称法则要避免由于过分的绝对对称而产生单调、呆板的感觉，有时在整体对称的格局中加入一些不对称因素反而能增加作品的生动和美感。

随着时代发展，严格的对称在环境艺术设计中的使用越来越少，"艺术一旦脱离开原始期，严格的对称便逐渐消失""演变到后来，这种严格的对称，便逐渐被另一种现象——均衡所替代"。如果运用对称的形式法则进行总体设计，就要把各设计元素运用点对称或轴对称进行空间组合。

（三）尺度与比例

1. 尺度

尺度是指空间内各个组成部分与具有一定自然尺度的物体的比较，是设计时不可忽视的一个重要因素。功能、审美和环境特点是决定建筑尺度的依据，正确的尺度应该和功能、审美的要求相一致，并和环境相协调。该空间是提供人们休憩、游乐、赏景的所在，空间环境的各项组景内容，一般应该具有轻松活泼、富于情趣和使人无尽回味的艺术气氛，所以尺度必须亲切宜人。

2. 比例

比例是部分与部分或部分与全体之间的数量关系。它是比"对称"更为详密的比率概念。人们在长期的生产实践和生活活动中一直运用着比例关系，并以人体自身的尺度为中心，根据自身活动的方便总结出各种尺度标准，体现于衣食住行的器用和工具的形制之中，成为人体工程学的重要内容。比例是构成设计中一切单位大小以及各单位间编排组合的重要因素。

房屋建筑的尺度可以从门、窗、栏杆、踏步等的尺寸和它们在整体上的相互关系来考虑，如果符合人体尺度和人们习惯了的尺寸就可以给人以亲切感。但是，在景观设计中除了建筑物外，还有山石、花草树木、池塘、雕塑等，它们并不是随便摆上去就可以的。因此，在做任何设计的同时都要考虑到这些景色是否与主体建筑物协调，是否喧宾夺主了，是否容易让人们接受它们的存在。在设计中雕塑、亭子和桥等各景观小品的比例也很重要，比如说亭子，若是太小就会显得小家子气，容易被人忽略；相反若是太大了，就会给人以笨重的感觉，那样就会产生很碍眼的反效果。其他的小品也是同样道理，只有尺度和比例正确了才能给人亲切舒适的感觉，才能使环境气氛灵动起来，更加丰富设计的效果。

（四）色彩与光影

1. 色彩

在公共环境艺术设计中会大量运用色彩与光影元素。色彩在人们的社会生活、生产劳动以及日常生活的衣、食、住、行中的重要作用是显而易见的。现代的科学研究资料表明，一个正常人从外界接受的信息90%以上是由视觉器官输入大脑的，来自外界的一切视觉形象，如物体的形状以及空间、位置的界限等都是通过色彩和明暗关系得到反映的，而视觉的第一印象往往是对色彩的感觉。

红色是强有力的色彩，是热烈、冲动的色彩。如红色在中国表示吉祥。

橙色的波长仅次于红色，因此它也具有长波长导致的特征，可使人脉搏加速，并有温度升高的感受。它使人们联想到金色的秋天、丰硕的果实，因此是一种富足、快乐而幸福的色彩。

橙色稍稍混入黑色或白色，会成为一种稳重、含蓄又明快的暖色，但混入较多的黑色后，就成为一种烧焦的颜色，橙色中加入较多的白色会给人甜腻的感觉。

黄色是亮度最高的颜色，在高明度下能够保持很强的纯度。黄色灿烂、辉煌，有着太阳般的光辉，因此象征着照亮黑暗的智慧之光。

鲜艳的绿色非常美丽、优雅，特别是用现代化学技术创造的最纯的绿色，是很漂亮的颜色。绿色很宽容、大度，无论掺入蓝色还是黄色，仍旧十分美丽。黄绿色单纯、年轻，蓝绿色清秀、豁达。

蓝色是博大的色彩，天空和大海都呈蔚蓝色，无论深蓝色还是淡蓝色，都会使我们联想到无垠的宇宙或流动的大气。因此，蓝色也是永恒的象征。

紫色是波长最短的可见光。通常，我们会觉得有很多紫色，因为红色加少许蓝色或蓝色加少许红色都会明显地呈紫色。

黑色、白色，我们曾经说过，无彩色在心理上与有彩色具有同样的价值。黑色与白色是对色彩的最后抽象，代表色彩世界的阴极和阳极。太极图案就是以黑白两色的循环形式来表现宇宙永恒运动的。黑色、白色所具有的抽象表现力以及神秘感，似乎能超越任何色彩的深度。

2. 光影

光影跟随四季，每天都在不断地变化，光源是阳光、月亮或灯光，随着光源的变化，形象和体积也随之改变。没有光线照射，形象就不明显，尤其终年背光的背面小景，其体量和空间感亦差。不同风格的造型术语有"挂光""吸光"和"藏光"等。

音乐喷泉可称为动雕，其通过千变万化和喷泉造型结合音乐旋律及节奏、音量变化、音色安排和音符的修饰，反映音乐的内涵与主题。它将音乐旋律变成跳动的音符，与五颜六色的彩光照明组成一幅幅绚烂多彩的图画，使人们得到艺术上的最高享受。

人们需充分利用有利条件，积极发挥创作思维，创造一个既符合生产和生活物质功能要求，又符合人们生理、心理要求的室内环境。

（五）统一与变化

1. 功能的统一与变化

最主要的、最简单的一类统一叫平面形状的统一。任何简单的、容易认识的几何形平面，都具有必然的统一感，这是可以立即察觉到的。三角形、正方形、圆形等单体都可以说是统一的整体，而属于这个平面内的景观元素，无论它是植物、装置、设施，还是构筑物，自然被具有控制能力的几何平面统一在一个范围之内了。

埃及金字塔陵墓之所以具有感人的威力，主要就是因为这个令人深信不疑的几何原理。同样，古罗马万神庙室内之所以处理得成功，基本上就是因为在它里面正好能嵌得下一个圆球。

合理地组织功能空间是达到各方面统一的前提。这里包括在同一空间内功能上的统一以及功能表面的统一。

　　同一空间内功能上的统一比较好理解，即在空间组织上应该将相同活动内容的设施及场地集中在一起，如儿童活动区内不应该掺杂商业活动内容，而在城市广场中不应该设置大量的游乐设施。功能表现方面的统一，是这些特殊的使用功能需要与环境景观的外观统一。

　　2. 风格的统一与变化

　　变化包括风格和特色。公共环境艺术设计要统一于总体风格，统一而不单调，丰富而不凌乱。

　　在环境中难得将不同的景观元素和设施等复杂的因素随便组织起来而又协调统一的，甚至在环境中，对景观元素和设施采用统一的几何形状也很难完全达到协调的目的。尽管如此，还是需要加强统一，除上面提到的方法，还有以下几个主要手法：

　　第一，通过次要部位对主要部位的从属关系，以从属关系求统一。

　　第二，通过景观中不同元素的细部和形状的协调一致，构筑环境整体的统一。另外，得到统一的手法是运用形状的协调。假如一个环境中很多元素采用某一种几何符号，如圆形在地面、装置、设施等造型中出现，它们给人的几何感受一样，那么它们之间将有一种完美的协调关系，这就有助于使环境产生统一感。

第二章　城市公共空间的人文景观艺术

第一节　人文关怀下的城市公共空间

一、城市公共空间的人性化探讨

伴随城市公共空间相关理论方面的研究不断发展，它的重心开始转移到空间的使用者这个角度，人文关怀得到了关注。城市公共空间的评价、人文关怀的建设思维也成了重要的考核因素，人性化的空间特性主要针对的是心理和行为两方面的特征。

（一）人的心理需求

人们对城市公共空间的各种需求，有的是有目的的，有的是无目的的（如图2-1所示）。在无目的需求中主要是以组团聚集的形式出现，这样能满足消费人群心理上的认同感，能找到自我的归属，这种现象被称为向群性需求，最终形成的城市公共空间被称为社会群体性向心空间。

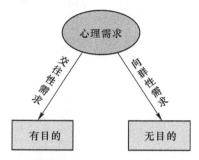

图2-1　心理需求分类

人们的公共空间心理需求的发展是人发展的高级社会属性阶段，向群性是显著的特征和表现。交往性通常是带有目的性的，通常以半固定对象的形式进行沟通和联系，以增强双方之间的亲密度，这种心理需求就是在人与他人之间的交往中进行的。交往是人的基本性需要，也是城市公共空间建设中的心理需求。

站在人在城市公共空间层面进行单体定位，"面向心理"和"后防意识"是重要体现的方面。人体面部朝向是接收信息的主要方向，而公共空间的人性化体现针对的就是人的心理需求，将空间开敞区有意识地设计为朝向信息源的方向。

除此之外还要注意，人的身体后部安全场的意识相对薄弱，在环境变化的反应中迟钝，所以人们需要通过掩体来解决心理问题，在城市公共空间的设计中，则表现为角落，亦或背部有遮挡的空间设计。

在城市公共空间环境的设计中，人的心理需求会有直观体现。人的心理感受与身体体验都是人文关怀空间设计的基础参考理念。

（二）人的行为特征

人们对空间环境的体验都是在行为活动中实现的，这就形成了环境意象。行为活动比较积极的体验能在人脑中迅速形成认知图，影响和深化人的活动延伸范围，以此增加环境在人心里上的信赖和依附的感觉。人性化的空间环境可以诱发人的行为活动与体验，促进人们与空间发生融合的互动关系，积极参与空间活动，加深空间体验，增强空间与行为之间的互动。

人的空间行为是通过心理需求与环境之间存在的相互关系和作用形成的（如图2-2所示）。人不能脱离空间环境而存在，人的行为也是无法控制的，所以二者共同作用是必然存在的行为。环境是人的行为活动的依托，人的行为活动在空间环境中得到发展和延伸。人的行为在空间意象的引导下，融入空间特征，再对行为反作用，这种影响是特殊的表象动作反应。

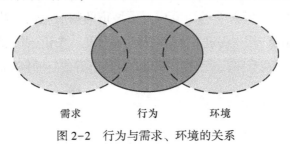

需求　　　行为　　　环境

图2-2　行为与需求、环境的关系

人的空间环境行为是通过一定的行为方式，来了解环境空间对人际交往的需求和影响，从而通过空间环境对人的行为进行改变。

我们要遵循"以人为本"的城市公共空间的设计理念，以当地的文化历史背景，满足人们对城市生存空间的特殊要求，以人的行为特征为基础，从环境的人文角度出发，完善二者之间的关系，体现出城市公共空间的层次性、活力型的建筑设计。

（三）城市公共空间中人文关怀的重要性

"伯曼的理论"提出，市民都是城市的主人，在这个空间中，人们可以自由地活动、交往，而城市公共空间也为人们提供了社交的宽度，这就是城市空间的价值。著名建筑设计师斯蒂芬·卡尔在他的著作《公共空间》中是这样说的，城市公共空间无论在设计之初，还是在后续的配套建设与管理中，都要以使用者的空间需求为主来进行，所以，关注人的心理需求、把握人的行为是打造人性化城市空间的重要核心因素。

目前，城市经济快速发展，导致与城市文明脱节，所以尊重当地文化的发展以及"人"的行为活动，成为了解决这一问题的关键。人们开始关注有文化含义的街区、道路、公园，其独特的建筑风格体现出人们内心对城市建筑的人文关怀，体会城市的文脉发展肌理，满足"以人为本"的空间设计需求。

二、人的行为与人性化空间特质

城市公共空间在设计上的本质是以"人"为出发点，主要是为人与人和人与空间之间的互动提供基础。这一理论的践行者是丹麦著名的建筑师扬·盖尔，他说，人的行为只有在所处的空间环境中才能满足心理需求，这样的行为才会具有主动性。这就体现了人的行为与城市公共空间之间的关系，以及人的行为发生的空间条件。

人与城市公共空间关系的研究应当由城市的物质属性向社会属性进行转换，在人与空间的作用中促进人文空间特质的散发。城市公共空间的人文特质可以分为"差异性、情节性、交互性、被动式休闲"等的空间环境的体现与设置。

（一）差异性的空间环境

差异性是对物质世界及其运动规律的基本属性的概括。差异性是事物的常态。空间的差异性来源于物质的空间联系对比,而空间物质之间的联系又反作用空间的运动。通过心理测试可以将差异性进行直观体现(如在黑暗中,高耸直立的灯塔与纵向的地标建筑(如图 2-3 所示)之间形成的差距),也正是这种差异性,才促进了审美的产生。

图 2-3　横向环境中纵向建筑表现的差异性

1. 形、光、色、质

空间环境的体现是通过形、光、色、质等基础的物质而实现的,每一类物质都可以产生差异性。

空间形态有很多表现方式,不同的功能以及文化背景决定了不同的设计元素。光环境自身所具有的艺术性与表现性,就对空间设计形成差异性。通过光和影的差异性与周围介质相结合,就可形成特色的空间美感。

人们通过颜色可以产生对事物的联想,色彩的感情就是由此产生的心理反应(见表 2-1)。材质在尺寸、色彩、肌理、结构、质地等方面的不同特征,都会给人带来不一样的感受,人们在这些特征的基础上融合现实因素加以发挥,就可以创造出新的美感。不同的空间材质的物质属性不同,带给人们的心理差异也是不同的,最终会产生不同的空间效果。

表 2-1　日本冢田色彩抽象联想

年龄(性别)	青年(男)	青年(女)	老年(男)	老年(女)
白	清洁,神圣	清楚,纯洁	洁白,纯真	洁白,神秘
灰	忧郁,绝望	忧郁,郁闷	荒废,平凡	沉默,死亡
黑	死亡,刚健	悲哀,坚实	生命,严肃	忧郁,冷淡
红	热情,革命	热情,危险	热烈,卑俗	热烈,优雅

年龄（性别）	青年（男）	青年（女）	老年（男）	老年（女）
橙	焦躁，可爱	下流，温情	甜美，明朗	欢喜，华美
茶	幽雅，古朴	幽雅，沉静	幽雅，坚实	朴直，古朴
黄	明快，活泼	明快，希望	明快，光明	光明，明朗
黄绿	青春，和平	青春，新鲜	新鲜，跳动	新鲜，希望
绿	永恒，新鲜	和平，理想	深远，和平	希望，公平
青	无限，理想	永恒，理智	冷淡，薄情	平静，悠久
紫	高贵，古朴	高贵，优雅	优美，古朴	高贵，消极

2. 地域特色

我国幅员辽阔，地形非常复杂，气象变化多样，历史文化发展源远流长。历经不同朝代的历史变迁，人们的生活习俗也发生了变化，加之国外工业化的影响，最终形成了地域和自然的特色。这种由于历史和自然产生的差异，造就了我们特有的文化特色。

地域特色文化都是在特定地域中在人们的家园活动中自然形成的，体现了自然与人文环境的综合特征。既包含自然环境的特性，也反映了人后期改造的环境建设，同时也体现了自然环境与人之间的关系对应。地域特色是对某地特殊的地域认同感，各地之间存在的差异就成为特色，最终形成了差异性与地域性的综合。

3. 差异性在城市公共空间中的作用

城市公共空间的差异性建设作用至关重要。空间环境的差异形成了地域特色，小范围的差异打造了人们的归属感。

通过营造不同差异性的氛围，给人们在城市公共空间中带来熟悉的依附体验，从而让人们产生归属感。归属感是融合地域、自然、社会三者的发展最终形成的。归属感与地域性的关系最紧密，反映了自身的差异性。城市公共空间的建设应该重视差异性的存在。

（二）情节性的空间内涵

情节是指一系列事件的符号化表现，其意义在时间和因果关系上是相关的。它对空间的应用体现为人们对空间情节的全新理解和延伸，从而对相关事件进行特殊化的记忆和联想。空间情节是以讲故事的形式对空间画面进行不同含义的阐释，构建充满事件的空间内涵，去扩大生命的感知，让人们获得不同的认知和生命的体验。

1. 空间情节要素

第一，空间情节是由不同的单元元素构成的，语汇是重要的表意单元，是空间设计的开始。空间语汇的传达，体会到的是对丰富的语义的品味与解读。比如：

江南园林中对时空的象征体现在景观的设计上，"一石一宇宙，一木一春秋"是最好的体现；"一丝柳、一寸情"是情的感悟和寄托。地形的不同也会带来不同的空间体验，它成为事件发生的契机。特殊的带有某种意义的语汇还可能因为空间的瞬间定格而引发人们的联想。

第二，空间情节的存在元素要经过合理的组织和编排。空间中囊括的情节具有内在的联系，要通过合理的方式和组织，将意义进行清晰阐述和直观呈现，包括物质形态结构和空间形态结构两种形式的安排。如构筑物的单纯堆叠是物质形态结构的体现，而空间布置体现的则是空间形态结构。

2. 空间情节组合关系

空间情节的设计要具备感染力，这就要求空间内容在进行和编排设计上要合理，这个过程是情节的整体。相同要素的情况下，编排方式的多样化，形成的叙事效果也是千差万别的。组合关系体现的是不同要素之间的关联。城市公共空间要素之间注重的是人们的活动与体验，以及是否能增强人们参加活动的积极性，能让人们充分融入城市空间的叙事意境中。

空间的排列组合是在一个意义系统之下进行的有序编排，并不是符号的叠加。在一定空间秩序下，抽取元素进行互换，打破形态形成新的空间，给人们不一样的体验，往往更能引发人们思索，激发联想，或者引起回忆。

此外，空间场地也会发生变化，城市的发展，势必引起空间的改变，在城市空间的性质和定义上进行变化，这是对场所记忆进行保存的有效方法，同时人们也可以享受新的城市公共空间的差异性体验，强化其情节性。

空间情节在结构上的组织，主要是空间元素按照新的秩序进行重新编排。这实际上是人的心理体验的设定顺序，尽管每个元素都是彼此独立的，但是排列顺序的不同会形成差别迥异的效果。

3. 空间情节的呈现方式

第一，设定空间主题。情节性空间与造型中心论是截然不同的，它强调拼贴和符号的包装设计，重点在情节的设计上面，强调主题、中心思想，对主题、事件以及情境进行详细分析，对子主题进行准确把握。

我们对传统概念的理解，就是对创作成品的欣赏与感悟。但是，实际的过程性空间设计都是需要过程的，正是中间过程的诠释才使主题意义进行升华，让体验者进行感触。通过时间和心理感应的辩护过程，给人们留下深刻的记忆和不同的心理体验。

第二，对空间场景进行合理的营造。在情节设计时，空间物质就成为空间场景中的一个设计道具，具有表达的重要意义。人们在进行场景情节营造时，每个环节都是有着特殊的作用的，与故事主题有着密切地联系。由此引发人们的情感体验，这种体验不是对故事的完整理解，但是能够引发人们对生活的思索，让人们积极感悟生活，这就达到了设计者的初衷。

（三）交互性的空间设施

交互性是对人造物（主要是生活设施与服务）的定义、设计的行为属性，核心在于对人造物行为方式的相界面的相关定义。交互性空间设施的目的对生活进行有用、易用、吸引和改善的作用。交互性大多运用在工业设计上，对于城市公共空间来说，主要针对空间设施方面来进行改造。

1. 跨学科的应用

交互性在空间设施过程中都是自由设计的过程，没有强烈的主观意识，是在有意识和无意识中进行的。随着空间设施在人们生活中的功能越来越多，人们对交互性设计的需求越来越大。但是，因为交互性空间设施的研究者知识和生活背景不同，而且设计本身还不成熟，所以对某些问题的解决并没有固定设计方案，甚至还会出现不同的且相互矛盾的情况。但是，跨学科的设计往往会产生更好的成果。

交互性在空间设施是一门交叉学科，集合了众家之长，产生了先进的设计理念，进入智能时代后，又增加了多元化、多学科、多角度的理论剖析，丰富了最初的理论。现在社会，交互性空间设施已经成为人们喜爱的方式之一，空间设施的规划也加入了交互性的理论，服务生活、服务社会。

2. 便于人的使用

交互性即"交流互动"的意思，因此交互性的空间设施是通过交流方式进行设计规划。人们每天都在空间中进行活动（如图2-4所示），相关的设施也为人们提供便利，比如公园的长椅，另一些设施则只具有欣赏价值，比如雕塑等。交互性的空间设施既包含功能的满足，也包含使用者感官体验的满足，强调的是使用者和空间设施双方行为的交流模式，重视这个过程中的心理和行为特点，给使用者易用、有效的愉悦体验。目前，采取最多的就是"一对一"交互。随着数字化时代的发展，空间设施呈现出越来越多的新形式，为人们的生活提供切实的使用与体验。

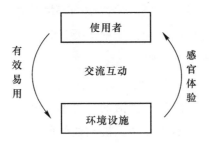

图 2-4　使用者与环境设施的交互

3. 美化城市空间

交互的空间具有可使用和美化城市的双重作用。空间设施是在工业生产时期出现并发展起来的，历史悠久，紧跟城市的发展步伐，融合在城市的每一个角落，满足了人们的物质和精神需求。它是城市的浓缩符号，传递着城市的发展以及人们的情感。不同的地区自然景观和人文环境存在差异性，空间设施的设计也要把握这种差异性，注意与周边地域和设施的融合。比如：

比利时布鲁塞尔的西兰德文化中心所在地（如图 2-5 所示）在设计初始，建筑场地存在的限制因素很多，设计师突发新意，在场地环境的建筑外表皮进行特色设计。当体验者向保护林方向走的时候，条形表皮就会映射出关于树林的场景；反之，就会看到彩色的条形立面，体现出建筑、天空、森

图 2-5　Academie MWD Dilbeek

林等多种场景的层次之美。未来世界，街道和建筑物外墙表皮都会体现太阳能新能源的运用，实现功能性和审美性的双重结合。

（四）被动式休闲的空间诱因

被动式休闲是在外部大环境下，人们通过身体和体验进行的休闲感知。被动式的休闲空间就是有意识的设计过程，为主体带入一种被动式休闲享受的空间，即主体获得外界环境提供愉悦空间环境的过程，是在有目的进行活动的同时进行的一种无意识体验，这就需要设计师在设计之初进行一些空间诱因元素来引导人们的情感体验。

1. 被动式休闲的行为与心理

被动式休闲是人们积极参与生活的一种态度和形式，体现人们对人生境界的追求，标志着社会文明的发展。被动式休闲的行为主要涵盖五种基础行为，分别是观望、游憩、交往、视听、冥想。它隐匿于市区的街道和中心，通常是浅层次的社会性活动，人们以被动式的接触来领略生活百态。在城市的公共空间中，人们总是以一种被动的局外人形态被一些活动吸引，他们关注着身边的人和事物的发展动态，期望新鲜事物的出现，以获得心理与视觉满足。

在中国，人们通常通过观望的形式去自省，以景喻理，起到自省的励志作用。人们对环境的感知体验是处于无意识的状态，这是一个建立于人的内部知觉中的特殊活动，被动式休闲地与外部世界之间进行信息交流，最终确认自我的个体形象，完成环境认知与自我的认知过程。

2. 激发被动式休闲行为的空间要素

空间形式不是独立存在的，空间的外在形式对空间的内部有着重要的行为影响，这种影响存在于个人的视觉认知。被动式休闲行为是身体体验的过程，视觉体验是引发行为发生变化的主要因素，人们对于空间的直观判定首先是通过视觉形成的，所以，视觉对空间尺度的把握直接影响休闲行为的产生。

在城市公共空间的设计中，会有通透性的空间界面为人们提供视野拓展的观看，特别是数字时代多媒体的出现，对公共空间的视野拓展有了更大的表现空间和形式，界面的生动活泼，直接对人们的被动式休闲行为产生重要影响（如图2-6所示）。

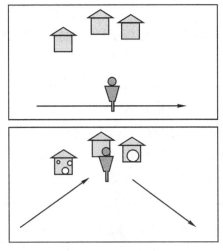

图 2-6　空间诱因

　　城市公共空间中的相关配套设施的建设对被动式休闲行为是最直接的支持。经过研究者在艺术化方面进行处理后，更加体现艺术气质，对营造空间整体休闲的氛围起到了促进的作用，对人们的休闲行为产生了更大的影响。

　　3. 被动式休闲与城市公共空间的关系

　　被动式休闲行为在城市公共空间中也是普遍存在的形式。城市公共空间为居民提供了很多实用性功能非常强的空间，满足了人们的休闲活动需求，但是，这些都属于显性的休闲活动，还存在被动式的休闲活动。

　　被动式休闲行为没有地域限制，在城市的每个区域都存在，已经成为城市生活当中的一部分。同时，被动式休闲与其他休闲活动同时进行，没有任何限制，普遍存在于城市的公共空间中。

第二节　城市中央商务区的景观艺术

　　经济的高速发展，促进了中央商务区（CBD）的发展，它是一个城市的经济中心，是一个城市商务活动的聚集地，因此，它的发展对城市的整体风貌会有很大的影响。工业发展加速了环境污染的问题，引起了人们观念上的重视，于是，可持续发展的理念应运而生。同时，人们对城市环境及城市特色的问题加深了关注度，安全、健康、人性化的特色环境成为人们青睐工作和生活的首选空间，这些因素都促进城市中央商务区环境景观设计的改善和发展的主动力。

CBD 体现的是城市的灵魂，体现了城市的整体性战略意图，其环境景观建设的社会效应、生态效应以及经济效益巨大。据调查显示，很多城市 CBD 建设具有深厚的文化和人文内涵，无形中阐释着城市发展的各个历史片段，它的存在就是文化、历史、民俗的综合体。

工作环境对于企业工作效率的提高影响很大，这是具有科学依据的。商务景观的设计就是针对商务环境进行的改造，既符合国际标准，又具有当地特色，给人们创造了安全、愉悦、美观、自然而且具有季节感的舒适环境，为人们的工作、学习和生活缓解了压力。空间创意景观的设计能帮助人们激活大脑动力，生活趣味的空间设计也能缓解人们压力，在满足人们舒适感的同时，提高生活和工作效率。同时在公共空间也要融合自然因素，阳光、风和绿色都能给人们带来心灵的体验，这些因素使商务环境的作用达到极致。除此之外，现代城市中央商务区也是旅游和购物的集中地，这些都有助于增加 CBD 的活力。

城市品牌的建立能够引起人们的关注。如瑞士苏黎世是国际金融和黄金的中心市场；我国香港地区是集合商业、服务、资讯、金融、贸易的综合性中心，城市中央商务区就像城市的名片，街区景观环境的唯美设计是它的外在装饰，其自身具有的品牌性，就像在国内国际市场这个大背景下的自我介绍，树立了自身形象，引起了全世界的瞩目，从而促进了经济的发展。国内外的实践证明，景观环境的高效建设能极大地提升城市的形象和品位。

现代城市设计注重整体因素，综合功能、环境、艺术与美学三方面进行三维一体的空间设计，这些都极大提升了生态环境的质量，同样也提升了人们的生活质量，这就是 CBD 景观环境设计的重大意义。中央商务区景观环境设计策略就是要在生态性、艺术性及技术性的基础上进行体形和空间环境的改造，将 CBD 的功能化和人性化充分体现在景观设计和城市设计上，承担历史传承、街路组织、生态保护、文化氛围营造等功能。通过景观设计促进城市经济的总体发展。要保证 CBD 及整个城市环境质量就要促进形态环境的综合设计的提高，CBD 环境建设应与经济振兴和社会发展的目标相融合。比如，欧洲很多城市通过 CBD 环境改造，促进了经济的复苏和发展。

为此，对于 CBD 的区域建设，既要服务于企业，又要结合市民的需求，要从全新视角加深其人文关怀，增强人们的空间感知，并保持其可持续发展的特性；同时，CBD建设可促进城市空间地域系统和城市服务业等级系统的发展。

一、中央商务区（CBD）

城市中央商务区，又称商务中心区，主要以零售业、服务业和商务办公功能为主。

随着西方国家城市化及产业结构的变化，CBD的内涵及结构也有了较大的改变。20世纪80年代以来，CBD的概念随着全球经济一体化的进程已升级为特指世界城市的商务中心办公区，无论是在功能构成、空间形象，还是在交通运转方式、设备配备等方面，CBD已演化成一个相对独立的地域，它的职能（包括金融、贸易、信息、展览、会议、经营管理、旅游机构及设施、公寓及配套的商业、文化、市政、交通设施等，但国际商务办公在性质和规模上占绝对主导地位）已经超出城市本身的意义，成了全球区域经济中的一个单元。现代意义上的城市中央商务区是集中大量金融、商业、贸易、信息及中介服务机构，拥有大量商务办公、酒店、公寓等配套设施，具备完善的市政交通与通信条件，便于现代商务活动的场所，它是现代城市物流、人流、信息流交换互动的集中区，也是城市经济往来、金融保险、商务贸易、文化交流高度聚集的核心区。

公司总部、银行和金融服务以及专业化生产服务业，成为当今城市中央商务区的三大职能机构，即城市中央商务区是国际管理控制中心、金融中心和专业化生产服务中心，是创新活动的关键区位，是当今经济变革的发源地。CBD的发展是否完善，将在很大程度上影响城市的地位和经济发展水平。如今，CBD不仅仅是一个城市或地区对外开放程度和经济实力的象征，更是现代化都市的一个重要标志。

二、商务景观及其特征

商务景观，具有"商务"和"景观"的两重特征。它打破传统的景观模式和原有概念，把"商务"和"景观"、工作和休闲有机地联系起来，即把商务生产和经营管理所需要的必要条件和高新技术企业所谓的公众形象、精美建筑以及景观环境有机融合，使在精美而又个性化的商务区中实现的商务活动和在人造景观中进行的休闲娱乐活动得到完美结合。

由于 CBD 是公司总部、银行、金融机构等从业人员的集中所在地，所以商务景观区别于城市其他街区景观的最大特征就是有特殊的服务人群——企业员工。建设商务区，也就是为在其中工作的人们创造一个良好的工作环境，这就要建立个人与工作环境之间、工作环境与自然环境之间的三重关系，确保员工（无论是工人，还是管理人员）在工作环境中感到舒适是景观设计体现人情味和文化氛围的重要目标。要优先满足"商务"的需求，这也是其区别于其他景观设计的一种根本特征，企业作为商务区的主体，不仅需要一个良好的经济环境，同样需要一个优美的自然环境。良好的环境有助于吸引投资、树立品牌，并产生巨大的经济推动力。

有别于传统景观的运作方式只能为人们在工作之余提供休闲娱乐场所，商务景观已经成为社会经济细胞——企业（经济实体）的一个有机组成元素。因此，商务区景观的运作方式发生了重大变化，它可以满足企业需求的功能、环境和形象，企业又可为其建成和运作提供必要的资金，这种互惠的组合使得商务区景观的发展前景非常广阔。

第三节　城市公共空间的人文景观墙

城市就是一个家，城市中的墙就像是家中的隔断或者屏风。现代化城市中，墙体的形式丰富多彩，既与生活紧密相联，又彰显出新时代的文化。随着墙的分类不断丰富，其艺术表现也在不断提高，涉猎的领域越来越广泛。

一、人文景观墙的公共文化

墙是一种无声的文化，它总在人们不经意间赠予，体现出民族在哲学和心理方面的理念，而关于墙的各种历史故事增强了其艺术和文化价值。历史的发展和文明的变迁在不断加深墙的内涵价值。

（一）中国墙文化

墙的发展体现的是民族哲学和民族心理，凝固着墙文化的发展。墙作为古老的建筑融汇了民族的高尚品德，体现出国人的文化心理。中国的文化相对西方文化较为含蓄，展现过多就缺乏内涵的意蕴，中国文化追求的是"犹抱琵琶半遮面"的意境之美。墙是中华民族神韵的体现。古典文化凸显的是

"神"对"形"的驾驭，人们对精神重视多于物质；对过程的追求大于结果；对内涵的揣摩大于物质形态，这是属于中华民族特有的思维方式以及文化体现，所以我们在对审美和艺术创作进行研究的时候注重的是"传神"。从这个意义来理解中国的墙文化，就不能从建筑外形方面进行简单理解，而是需要进行情感的交流，比如，皇室宫廷的墙体以大红显示喜庆、吉祥；南方著名的白粉墙代表了财富，被称为"白为金"；皇室中龙壁墙是帝王的象征；平民百家墙上的花瓶雕饰寓意平安。所以，中国的墙是具有内涵的民族文化，记录着民族文化发展和民族心理变迁。

对墙文化意象的理解，简单来说即它在民众心里的印象。从墙体的某种特定含义上来说，"阻隔"就意味象征的深意，这是一种特指的象征，形成了特定的民族文化，张贴了特殊性的标签。历史上运用墙来表达某种情感的故事很多，形成了其特定的文化意象，根植于民族心理中。比如，封建社会的墙，常常被比喻成压迫人的枷锁等。

墙能起到稳固的作用，在《闲情偶寄·居室·墙壁》中李渔描述说："界墙者，人我公私之畛域，家之外廓是也。"这句话将墙的作用和功能充分体现出来，界墙既是领土的分解，也是地域划分的标准，还是权利与文化之间的分界，体现出政权与文化之间的差异。界墙的分类很多，城墙、宫墙、院墙和园墙都是墙的形式。城墙即国之围墙，城墙内的宫城之间的分割墙就是宫墙，百姓家中的墙可以叫做围墙和院墙。功能不同的界墙对应着不同阶级，体现着不同的形态美。

1. 城墙：国之卫士

城墙从时间上推算是最古老的墙的形式，随着城市的不断变迁发展，它成为了城市变迁中的特定印记，代表着城市文明的发展与历史的变迁，起着承上启下的作用，是一个城市的标志性建筑，是独具特色和价值的风景。古老的城墙对于我国的发展有着特殊意义和深厚的情结，历史从辉煌走向衰败再觉醒，城墙的固若金汤保护了我们，同时也见证了我们战胜敌寇的决心。

2. 宫墙：皇家园林

古代，在皇权笼罩下的宫墙显得高大、厚重、有威严，让人崇敬；现代，没有了权力的影射，宫墙成了历史文明的见证，这是现代城市中特有的价值景观。

唐代大明宫西的宫墙长约 2256 米，底厚约 12 米。北京故宫的城墙方圆 3 千米，宽约 8.62 米，高将近 10 米。

宫墙守护着权力，守护着城墙中的各种建筑群。这是对宫墙的角色定位，一种通过高度捍卫心理的建筑形象，散发着宫墙内的神秘，吸引人们不断探索里面的秘密。宫墙是北京城的特色之美，故宫的墙历经 500 余年，见证了 24 位皇帝的统治历史，是封建社会统治的缩影，这是目前保存最完整的建筑群，成为北京城特有的景观。

3. 园墙：私家园林

园墙指的是古代私家园林中的墙体，园墙区别于宫墙，是达官显贵或文人雅客聚集的地方。私家园林的出现推动了我国古典园林的发展，也是多个国家模仿设计的对象。园墙的建设与我国的传统文化有着紧密的联系。

园墙的建设可以将园林空间设计得富有层次感，放大空间使用率，园墙的价值同样体现了中国的传统文化，它自身具备的美的元素仍被设计师进行多元化的理解，创造成独具特色的现代都市屏风。

4. 照壁

照壁在中国传统建筑中体现出较高的功能价值和审美价值，常常起着画龙点睛的重要作用。照壁这种墙壁形式艺术性和装饰性都非常高，其装饰风格充分体现受众群体的身份和地位。照壁根据不同的建筑身份，体现出差异化的风格。

照壁中的琉璃照壁是尊贵和精美的极品体现，主要用于皇宫和寺庙的建筑设计中，最著名的景观设计是北京故宫和北海的九龙壁，民间建筑中的照壁多以砖雕照壁形式出现，体现了典雅质朴的庄重风格，一砖一瓦中都体现了创造者的智慧。

照壁的艺术价值主要指的是砖雕的装饰部分，它在传统建筑和造园艺术中起着重要作用。不仅如此，它还将古代人们的生产、生活、文化、风俗都融进了建筑之中，因此可以说，照壁是我国特殊的地域建筑形式。

唐宋时期还出现了"诗壁"，顾名思义，即融合诗与壁的文化墙壁景观。墙壁因诗而著名；诗句因墙壁而流传。最为著名的当属苏轼在西林寺壁创作的《题西林壁》这首题壁诗，后世广为流传，形成了著名景物风光。"诗壁"的创作成为文人雅士表达情感的主要方式，他们通过题诗于壁进行情绪的宣泄，以此找到心灵的知音。现代城市的很多景观都是以诗壁为模本进行设计的，中国传统文化元素被后人永世传承。

（二）中国墙的历史转变

随着大环境的不断发展变化，信息技术的不断革新，传统意义的墙发生了跨时代的变革。

西方的古典建筑，由于时代和技术的局限，墙的作用也就是用来承重与围护，那个时代，墙的形式很单一，设计还处于简单阶段，墙不能与建筑分开而论，墙的美感与建筑的美感是统一的，既是时代发展，形式的单一，也不影响其庄重优雅的文化底蕴。

而中国古典建筑中的墙与西方不同，它不是唯一的承重物，这就决定了其形式的灵活多样。其重要一点在于墙成为文化和哲学宣传特有的形式，相比起来，这是墙更重要的价值所在。这些因素都决定了中国建筑中的墙在表观上的丰富程度是大于西方的，甚至对西方建筑在现代化的转变过程中产生了重要的影响，空间的形式也从原来的固定不变转化成自由状态。这是西方创作者所不曾设计的领域。

随着建筑形式的发展，空间结构的变化也得到深入延伸，墙体的材料也冲破了单一的石墙。建筑空间外环境在不断延伸和发展，墙的空间流动性也越来越流畅，这就奠定了其自身的不可取代性，在设计和运用方面也采取了传统与现代相结合的形式。影响最大的当属解构主义建筑思潮，对墙的空间构成方面影响极大，加入了分割、重置、倾斜、错动、穿插等因素，这些对现代城市景观中墙的设计手法都有很大的启示。

墙与空间之间有着密切的关系。实际上，空间本身也是一种文化，纯粹的空间结构以及空间散发出来的文化经过思想家、哲学家的运用，就形成了古典园林的景观环境。随着社会的不断发展，中国传统建筑和园林也在变化和更新，唯一不变的就是空间情结，而这就是促进墙体发展的核心要素。西方国家通过传统园林向现代的转变发现了空间的重要性，成为借鉴的经验；中国传统园林的空间建造也在不断研究和探索之中，这些都是我们创新发展的原动力。随着岁月变化的只是墙的形式，空间永远不变，墙在现代环境设计中要重新定位。

人创造了空间，空间反作用服务于人。人对空间的创造可以根据意识来决定，即可有意识也可无意识，例如，一把撑开的伞，它既可以是情侣甜蜜的空间，也可是孤独者隐藏的空间，这就形成了以人类主观意识为主的特殊空间，即"景观空间"或"环境空间""城市空间"，这些都是非自然的景观名称，都带有了人的刻意性和改造的主观意识。景观空间就是自然和人文的结合，体现了人与自然不断变化的关系，寄托了人类对生存理想的向往，是记载人类文明活动的物质载体。

墙的创造性功能造就了空间的意义。如果一个空间没有墙，那空间仅仅是一个客观存在的物质，失去了意义，更没有的了艺术美感。

第一，墙将空间分为横向和纵向。其形成的形状满足了人们的视觉美感，墙在自身形态、质感、组合方式的影响下，创造出了变化多样的空间环境。墙通过对空间的不同形式的改造，形成了封闭、通透、松散、开敞等各种形态。不同的形态空间以及组合就形成了环境的律动性，引导人的行为和感观体验。实际上，墙对于空间的如何变化都要归结到对"人"的服务上，包括感官、心理以及情感上的体验，这才是墙对空间塑造的最大影响力。

第二，墙赋予空间秩序。墙体现的是人的主观意识。人类通过发现生存空间的规律和逻辑改变世界，最终形成一个文明有序的世界。人类运用墙进行空间秩序的改变，最终建造出理想的生存状态。在墙的设计中要经过起承转合、高低错落、虚实通透的形式变化，去营造接近、分离、继续、闭合、连续等关联性空间构造。

第三，墙可以调节空间的微环境。墙不能直接干预空间形态，但是它可以对空间环境进行微调，比如减轻声音的穿透力，减轻阳光的直射，阻挡狂风的入侵，也可以释放微风改变人的心情等，这些都会对人产生很大的心理作用。墙既具有客观性，也具有物质性；既是客观存在，也是人意识的体现。德国的柏林墙将一个国家分为民主德国和联邦德国两部分，对这个国家的民众都产生了思想和行为的重大影响，墙不单单是人体主观意识的感知，其自身的形态和结构也能对人的感官系统产生极大的影响。

物质存在决定了墙的可感知性，从而影响人的行为。墙的设计能对人产生引导、暗示，甚至强制。它就是一个行动符号，为人们指引方向，改变着人们的行为模式。就好像一堵封闭的墙和有一扇门的墙，意义完全不同。

墙对人的视觉感知也有强制性的作用。我们用一张白纸来做实验，在白纸上画个圆点，它会瞬间抓住人的注意力；同样，在一个立体空间中，竖起的一面墙就如同白纸上的圆点一样，冲击着人的视觉，所以说，墙会影响人们的视觉，会产生一种强制甚至是控制的作用，引导人们的意识。

墙的视觉强制作用可以应用于城市的可识别系统建设。比如，我们经常见到很多景观墙上带有标识性的印记，放置在空间的出入口或转折点位置上，给出行的人们以相关提示。古代的私家园林中，有的墙上就是通过题字作为引导人们行为的标识，同时也增添了园林的意蕴。现代化的城市环境要通过墙传达给人们的信息更加广泛，从需求到审美都要有所考虑。作为载体的墙又强化了信息传播的功能。

二、城市公共景观墙

社会结构也是随着人类生存模式的变化不断拓宽传统的形式。现今城市空间的建设主要针对区域人们的生存模式设定了居住、生活、娱乐、消费、工作、服务等公共景观的类型，并形成了以此为主的景观区域。

墙是城市景观中的竖体"界面"，在设计上有规则与不规则之分，存在结构、质地等因素的不同。从主观性来说，墙体设计具有强制性、限定性和引导性的界面；从客观性来说，墙体设计的是思想、艺术、色彩、尺度、光影、肌理等城市景观要素的承载界面。

（一）城市公共环境中的景观墙

城市公共环境是城市建造之后的发展结果，是人类社会文明发展的标志。随着城市的不断发展，城市的公共环境建设也逐渐受到重视。从社会发展学角度分析，城市的公共环境是国家经济和物质发展的外在显现，代表国家的发达程度。城市公共环境是人与生存环境之间的沟通桥梁，同时它也是承载艺术的载体，能够提升大众的审美，对整个国家或者某一个城市起到美化形象的作用。因此，城市公共环境涉及很多艺术研究，比如美学、场所艺术学、对话艺术学和生态艺术学。

城市公共环境又称城市公共空间，或者城市开放空间，它是城市中的非建筑实体，同时是室内空间占据的户外公共区域，是为了满足人们自由的、公共的活动而建造的。因为和居住环境在性质、特征上存在不同，所以定义为城市公共空间，景观墙就是其中的一个环节。城市公共环境主要由城市广场、商业区、街道空间等部分组成。除此之外，还有一些专职性质的区域也属于其中一部分，比如学校、医院等。

城市公共环境具有四个特征，分别是开放性、可达性、大众性和艺术性，这就对墙的设计提出了新的要求，既要满足实用功能，又要体现审美性艺术。在城市公共环境中景观墙的作用很重要，特别是在商业空间中，标识广告类景观墙也是城市喧闹氛围的组成因素。街道环境中的景观墙设计，小尺度是其主要的景观特点，而且具有浓郁的人情味和亲和力。

城市公共空间的景观类型繁多，仅城市广场就可以分为集会型的、纪念型的、商业型的、休闲娱乐型的；按照尺度来划分，则有大型广场和袖珍广场。在城市广场中，景观墙的设计往往简洁大方，体现广场的大气与庄重，并且有时候需要更多地考虑功能性，比如同座椅、水景、花池、树池的边界相结合，为人们的户外活动提供条件，当然，这也并非是绝对的原则，最重要的是要能够融于环境，体现环境气质。

除此之外，城市公共空间还包括街头绿地、公园等休闲娱乐场地，不同类型的空间都能体现各自的特征。景观墙的设计除了要能够体现公共空间的整体特性之外，还要与具体的环境相融合。

（二）城市居住环境中的景观墙

居住环境也是城市公共环境的组成部分，它具有封闭性和私密性的特征，多为固定人群提供服务。因此，居住环境满足的是人们生活的需要，要注意体现舒适性、便捷性、安全性等基本原则。居住环境既包括生活和学习、工作的场所，还包括相对封闭和隐秘的空间环境，景观墙也是城市居住空间讨论的范围。

首先，景观墙的建设要与住区环境相融合，提供家一般的温暖舒适感。居住环境是让人们感到放松，能够辛劳之后安静休息的地方。所以，景观元素要具有温情、具有人情味，景观墙的设计可以运用色彩、材质与造型体现上述的情感特征，并与居室空间的整体风格相融合，与植物、水景进行合理搭配，满足人们亲和自然的内心需求。

其次，景观墙的建设要具有人性化，和实用主义相融合。居住环境的墙首先要满足人们的基本生活和活动，例如，休憩、交往、娱乐等。景观墙的设计要与生活及娱乐设施的建设互相结合。同时，景观墙还要注意安全性和私密性方面的设计，比如围墙的设计就是对人们私密性进行保护。随着人们生活水平的提高，围墙的设计既要安全、美观，还要注意保持内外环境的通透性，现代很多的围墙采用植物与绿篱的设计，以满足通透性的要求。

最后，居住环境的建筑要体现方便、快捷的特点。这主要集中在道路交通的设计方面，景观墙也要充分体现其标识作用，为人们提供环境的可识别性。

第三章　城市公共空间的
环境景观艺术

第一节　城市公共空间的建筑景观概述

　　建筑景观是人类创造的物质文明和精神文明展现在广袤大地之上的一种空间文化形态。它是人类按照一定的建造目的，运用各种建筑材料、一定的科学技术和审美观念进行的一种大地营构。无论是雄伟壮丽的宫殿、神圣庄严的寺庙、灵动精巧的亭台楼阁、宁静秀丽的山水园林、质朴实用的民居村落，还是华美典雅的西方建筑，或者令人发思古之幽情的古迹遗址，都是随时间的流动而矗立在大地上的空间存在，这些建筑虽然默默无语，但都透露出深沉的历史沧桑感，以独特的形象语言，传达出这个国家、民族、时代乃至地域和个人的"文化"。对当时、现在和将来都产生巨大的影响。它不仅反映了各个时期建筑本身的技术和艺术水平，而且也反映了当时的科学技术与文化艺术的成就，反映了当时社会的政治和经济力量。"建筑是有生命的，它虽然是凝固的，可在它上面蕴含着人文思想"（贝聿铭语）。

　　根据考古学材料，人类学家一般认为，最原始的人类大约诞生于距今二三百万年以前的遥远时代。从那时起，人类绝大部分时间都是在原始状态度过的。人类脱离原始状态进入有文字的文明时代，也不过三四千年的时间。相对于人类进入文明社会以后的建筑活动而言，所谓史前建筑，只不过是些权作栖身的低矮暗黑之处。尽管如此，我们还是不能低估了这个作为基础的价值。因为，建筑在文明社会的加速发展，正是以史前建筑长达数万年的技术手段的积累，建筑造型手法的积累，以及人类祖先对建筑和建筑艺术的逐渐自觉为基础的。

　　人类一开始只是寻找自然庇护所，如大树、石穴、岩洞等，即人类最原始的居住方式：树居、崖下居、岩洞居等。人类对自然进行进一步的探索，独立地、创造性地营造自己的居所，这一过程不迟于原始社会晚期。一般来说，人类最初的创造活动大多与自然的启示有关，从已有的经验中获取模式。中国傣族和景颇族都有跟鸟学会造房子的传说；新几内亚和印度尼西亚一些原始部落，还有每年定期爬上大树居住一段时间的风俗。在非洲坦桑尼亚奥杜威峡谷发现一处月牙形熔岩堆，堆叠年代约在 170 万年至 200 万年前，可看做是向真正的房屋发展过程中的过渡环节。新石器时代的原始农业和定居是联系在一起的，正式住房的出现正是农业生产催化的结果。房屋按构筑方式分为两种，即穴居和干阑。

穴居建筑的发展，从剖面看，大致是穴居、半穴居—地面建筑—下建台基的地面建筑，居住面逐渐升高；从平面看，则是圆形—圆角方形或方形—长方形；从开间数看，则是单室—吕字形平面（前后双室，或分间并列的长方形多室）。总体上，从不规则到规则，从没有或很少表面加工到使用初步的装饰。

最早的穴居住房平面都是圆形的，这是世界各地的普遍现象。"最原始的部落喜欢圆形小屋"（《事物的起源》德国·利普斯）。后由圆角方形过渡到方形屋。圆形、圆角方形、方形和长方形住房的内部布局都差不多，房屋一面开门，室内分灶炕、睡卧和炊事三部分。出于实际功能需要，恰好导致以人口和灶炕的连线为平面中轴线和按中轴线作出的对称布局。在中国半坡遗址发现的地面建筑，其柱位关系是中国建筑纵横梁架结构体系的先声。承重的柱和不承重的墙的分工，是以后中国建筑的重要结构特征之一。长方形平面、以长边为主要立面、单数开间成为中国几千年来最通行的形式。中国建筑重在处理长面显现出来的屋顶和屋身。屋顶尤其被强调。中国文字凡与建筑有关的大都是有宝盖头（即"屋顶"）。欧洲建筑则重在处理山面的三角形——山花和屋身，屋顶造型不占主要地位。现在所知最早以山面为人口的建筑遗址，是西亚约旦河谷耶利哥前陶新石器文化 B 层的一座神庙，距今约八九千年。可见中外建筑分化发生得很早。

从上述演变过程可以看出，人类在建房屋时，总是按实际需要，按照各种物质生活和精神生活的"尺度"来构想和建造的。人的生活是一种主动的不断开拓的创造过程，人类创造的建筑空间就是人的生存空间，体现着人的愿望、智慧和热情，洋溢着人类创造的激情。私有制的产生促使贫富分化，阶级开始产生，建筑也出现分化，在上层阶级的建筑中就有可能集中更多的聪明才智、劳动力和剩余产品，使之得到快速发展，也为建筑艺术的新的拓展提供了充分的条件。如"白灰面"的使用，具有修饰建筑表面的作用。中国宁夏固原店河齐家文化房址，在白灰面的内壁下部，出现了用红色线条描绘的简单装饰纹样，是中国发现的最早壁画。原始社会晚期龙山文化遗址中已经出现下有台基的长方形建筑，而另有一些"房屋"面积狭小，平面形状不规整，质量明显差劣，建筑中也体现了社会学意义。

树居—巢居—干阑，是干阑系列的发展线索。欧洲干阑建筑较中国现所知的最早的干阑遗址晚，距今约四五千年。中国现知最早的也是最重要的干阑遗址在浙江余姚河姆渡村，距今约六七千年。在河姆渡发掘区中部约 300 平方米范围内，至少有三栋以上的干阑，其中一座的不完全长度达 23 米，使用了四列平行桩柱，列距由前至后为 1.3 米、3.2 米和 3.2 米，估计所建长屋进深约 7 米，前有深 1.3 米带栏杆的走廊。居住面地板距地约 0.8～1 米。每列柱顶以长木相连，长木之间置地板横梁，梁上铺板、建屋。长屋背坡面水，纵轴与等高线平行。河姆渡干阑广泛采用榫卯结构，是用石凿、骨凿和石斧加工的，板材则用石楔劈成，甚至还可以做出企口板和直栏杆，比穴居建筑广泛采用的绑扎结构要先进。后来中国木结构通行的榫卯结构很可能就是从干阑发展起来的。干阑的矩形平面也出现很早，这可能与干阑通常以长木为水平构件的构造方式有关（如图 3-1 所示）。

在河姆渡遗址还发现了中国最早的水井，挖掘在一个小池的中央：水量丰富的季节在水池取水，枯水时在井里取水。井壁由许多圆木层层交叠成"井"字，称为井干式结构，由此可知"井"字的由来。从建筑技术角度看，人们惊讶于当时的河姆渡人能熟练地使用榫卯、企口等技术，从采光保暖的要求看，当时的这些架空于地面的房屋、干阑式房屋，取南偏东 7°～10° 的朝向，非常适合冬暖夏凉的要求。其布局既体现了人类对周围环境的适应，更反映出先民对自然、地理的认识和利用。

穴居和干阑，是史前建筑的两大系列。从构造材料及形式看，地方风格比较显著。如穴居大都分布在雨水较少、土质相对坚硬的地域。屋顶和墙厚厚地涂抹着草泥，也有的把泥糊在秸秆上，火烧硬结成墙。房屋形体厚重墩实，与周边环境色调一致。干阑建筑大多在雨水较多、土地潮湿的地方，下层架空，或围以薄薄的木板，或以席为墙，或养牲畜，或堆杂物，空廊带有栏杆，屋檐远远挑出，空灵而通透。这种"地方风格"的形成，最初是由于

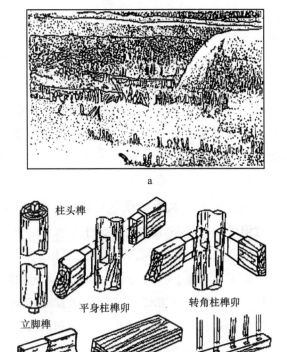

图 3-1　河姆渡遗址

a—浙江余姚河姆渡干阑式房屋遗址；b—河姆渡遗址出土的榫卯构件

气候、环境等自然条件的不同造成的，在以后的进一步发展中，不同地域文化人群的审美意识起到越来越大的作用，建筑具有人文精神的意义。在"中国原始第一村"的安徽省蒙城县尉迟寺遗址中，发现了近5000年前建造的红烧土排房，这是我国迄今为止保存最完整、内容最丰富、规模最宏大的史前建筑遗存。这些房子全部是木质网状框架，外抹灰泥，整体烤烧而成，形成冬暖夏凉、牢固美观的建筑。房子的建造均经过挖槽、立柱、抹泥、烧烤等建筑工序，被誉为"史前的豪宅"。从已发掘的情形看，为三排平行主体房屋的格局，周围还有大型壕沟，似为聚落整体。浙江余杭莫角山遗址是良渚文化的中心，为一座大型礼仪性建筑基址，被誉为"五千年前的紫禁城"。其柱子直径50~60厘米，可见当时有大型建筑；大土台南北正向长450米、宽760米，由13层沙、泥逐层堆垒而成；有"五千年的长城"之称的土垣遗址绵延 5 千米，足证当时工程之巨大、规模之宏伟，也足以证明建筑决策者、指挥者非凡的水平和才能。

史前建筑经历了漫长的萌芽时期，发展速度由缓慢而加速。人们积累起了许多有关建筑形体美处理和空间处理的经验，这些都为日后建筑艺术的发展打下了最初的基础。正如恩格斯在《家庭私有制和国家的起源》中所说的，"作为艺术的建筑术的萌芽"，至迟在新石器时代晚期以前就已经出现了。当然，史前建筑因生活和生产方式的简单和类似，在世界范围都显示出极大的共性。

在脱离了原始状态，进入"文明时代"（摩尔根语），即奴隶制社会以后，建筑艺术作为意识形态领域的活动之一，主要反映了统治的观念。"劳动产生了宫殿，但是替劳动者产生了洞窟"（马克思语）。生产力的提高使社会财富增加，贫富分化更加明显，这一分化对历史发展起到巨大的推动作用，社会的分工促使文化、科学、艺术和学术发展。建筑的发展首先体现在直接服务于统治阶级的各类建筑，如城堡、城市、宫殿和墓葬，进而推动了全社会建筑水平的提高。建筑艺术从原始社会的萌芽状态进入到幼稚阶段后，已不只是具有形式美的作用，当时的高级建筑成为社会状态包括思想意识形态的历史见证。人类开始大规模建筑活动的时间应是在公元前 4000 年以后开始的（《中国建筑艺术史》）。

第二节　城市公共空间的城市环境景观

城市是一定的生产和生活方式把一定的地域组织起来的居民点，往往是该地域的经济、政治和文化生活的中心。城市的兴起是社会进化到一定阶段的产物，是文明时代的重大里程碑之一，也被称为人类文明的焦点。恩格斯说，城市的出现"是建筑艺术上的巨大进步，同时也是危险增加和防卫需要增加的标志"；"在新的设防城市的周围屹立着高峻的墙壁并非无故；它们的壕沟深陷为氏族制度的墓穴，而它们的城楼已经耸入文明时代了"（《家庭、私有制和国家的起源》）。中国的《史记》中就有"夏有万国""夏有城郭"之说，《博物志》说禹也曾"作三城"。考古学家已经找到了距今 4000 多年前中国的古城堡遗址。两河流域、埃及等地区在公元前 3000 年就已出现了城市。

　　"城"和"市"起初是两个不同的概念，随着历史的发展，城市的内容、功能、结构、形态不断演变，从建筑学角度看，城市是多种建筑形式的空间组合，主要是为聚集的居民提供具备良好设施的适宜生活和工作的形体环境。城市的发展是人类居住环境不断演变的过程，也是人类自觉不自觉地对居住环境进行规划安排的过程。在中国陕西临潼县城北的石器时代聚落姜寨遗址，先人在村寨选址、大地利用、建筑布局和朝向安排、公共空间的开辟以及防御设施的营建等方面运用原始的技术条件，巧妙构思经营，建成了适合于当时社会结构的居住环境。这可以看做是居住环境规划的萌芽。随着社会经济的发展、城市的出现、人类居住环境的复杂化，产生了城市规划思想，并得到不断发展。

　　影响城市规划和建设的因素很多，主要是经济、军事、宗教、政治、卫生、交通、美学等。中国的城市建设规划思想产生较早，建筑和布局也独具特色。中国的古代城市较之西方的有着十分显著的差异。在西方，最初的城市是手工业者和商人的集结地，城市发展带有相当大的自发性，城市建筑在一定程度上反映了市民的利益和需要。如广场、市政厅、浴场、体育场、戏院等公共建筑。中国古代的城市，是统治阶级的大本营，最早的居民是统治阶级。因此，城市的建设反映了浓厚的统治阶级思想意识并表现出极强的规划性，城市建筑也具有服务于统治阶级的鲜明特点。历代王城的规划均以圖室为主，辅以官署和与生活有关的建筑以及城垣、濠沟等防御设施，规模宏伟、规划严整，完全不同于欧洲封建城市发展的自发性，表现出强烈的主动规划意识。

　　中国古代城址的选择是十分讲究科学的，尤其是作为历代王朝政治中心的国都，它不仅是国家规模的象征、文化精神的寄托，而且与其国家和民族的生死存亡休戚相关。因此，国都所在，必须具有控制八方、长驾远征的气概，领导全国政治、经济、文化发展的能力，攻守咸宜、形胜优越的态势。总而言之，选址建国都必须从政治、经济、军事和地理各方面综合考虑，以期选择诸种优势叠加的最佳地点。

　　包括历代王朝的都城在内，中国古代城市的选址始终贯彻着特殊的风水理论，并作为其指导思想，是古人通过对地理环境的朴素分析，达到趋利避害、择吉避凶的一种手段。像建造所有居民点一样，我国古人早就知道要选择那些高亢、近水、向阳、避风寒的地方去营造住宅和城池。《管子·立正篇》所记："凡立国都，非于大山之下，必于广川之上；高毋近旱而用水足；下无近水而沟防省。""因天材，就地利。"这一根据实际情况进行城市规划的理论，适应了中国广大地区不同自然环境的需要，在 2000 多年来的城市建设实践中，得到广泛采用。

　　古代选建国都，尤其注重对于国都所在位置地理环境、山川形胜的具体分析，最重要的标准是看它们是否为"龙脉集结"之处。缪希雍在其《葬经冀》中说："关中者，天下之脊，中原之龙首也。冀州者，太行之正，中条之干也。洛阳者，天地之中，中原之粹也。燕都者，北陇之尽，鸭绿界其后，黄河挽其前，朝迎万派，拥护重复，北方一大（都）会也。"这实际上讲的就是西安、洛阳、北京的龙脉地形。

　　中国古代的城市形制规整、结构严谨，这种城市规划布局的思想早在春秋战国时代已经形成，也即 3000 年前就有了完整的城市规划理论。《考工记》成书于公元前 5 世纪左右，其基本的指导思想是，城市规划布局必须严格体现当时那种分封的等级制度，不仅将全国的城市分为王城、诸侯城和都邑三级，而且规定城市建设的标准。城的大小、城墙的高低、道路的宽窄等都取决于奴隶主地位的高低。不言而喻，作为最高统治中心的王城，各方面都要超过那些诸侯城和都邑。以君主为中心的城市布局思想对历代都城的建设都产生了深远的影响。明、清北京城的规划就是反映这一王都规划理论的最好例证。

　　古代的城市，为了保护统治者的安全和利益，有城与郭的设置。从春秋一直到明清，各朝的都城都有城郭之制。城、郭各有不同功能。"筑城以卫君，造郭以守民"（《吴越春秋》），城是保护国君的，而郭则是看管人民的。"内之谓城，外之谓郭"。各代赋予城郭的名称不一：或称子城、罗城；或称内城、外城；或称阙城、国城；名异而实一。京城的城墙一般有三道：富城（大内、紫禁城）、皇城或内城、外城（郭）。而明代的南京与北京则有四道城墙，府城通常只有两道城墙，即子城和罗城；郭通常依山川形势而筑，不像城那样四面有墙垣。秦代以前的各段长城实际上就是各诸侯国王城的郭。

　　夏商时期已开始出现版筑夯土城墙。据当时的攻城手段，城墙都筑得很厚。但夯土城墙极易遭受雨水冲刷，火药的发明和攻城武器的进步，更使土筑城垣的防御能力大为逊色。因此，唐宋以后出现了砖石夯土城墙。到了明代，产砖量增加，城墙已多为砖石砌筑。

城门门洞早期用过木梁，元以后推广砖拱门洞。为了加强门的防御，一般都有二道以上。外边的一座叫箭楼，里面的一座叫城楼，两楼间用城墙围接，称作"瓮城"。瓮城的做法从汉代一直沿用到明清，山西平遥和浙江临海都有古瓮城实物存在。在水乡，城内外有河道贯通，故设有水城门。除了箭楼、城楼、瓮城外，城墙上通常还有城垛，即雉堞（女墙）、战棚、角楼、敌楼等防御设施。

古代城市的道路，绝大多数采取以南北走向为主的方格形式，完全服从于城市建筑物南向排列的规律。城市道路规模浩大、等级分明。根据我国的地理位置与气候条件，从商代起就总结并确立了这一条切合我国实际情况的建筑布置经验，一直沿用到今天。为了适应各地不同的条件，在处理方格网道路系统时也是因地制宜的。宋代以前道路均为土筑，宋以后南方的一些城市开始出现砖石路面；到了明清时期，城市经济日益发达，南北方城市均开始广泛采用卵石、块石、青砖等建筑材料铺设路面。一些林区的城市有用枕木铺路，以防止冰雪路滑。

古代城市重视排水系统的建设。早在春秋时期，就出现了陶制的排水管道。到汉代，创造了砖砌排水管道的方法，陶水管的形制趋于完备。对汉长安城的考古发掘表明，当时已有明沟和暗沟相结合的城市排水系统。这种科学的城市系统的建筑结构和形式代代相袭，一直沿用到近代。另外，城市的绿化、防火、供水和排污等都有合理的布局和科学的规划，取得了卓越的成就和经验。

中国古代城市的历史几乎与中国古代文明的历史是同步发展的。早在4000多年前的龙山文化时代，在河南、山东和内蒙古地区，至少已经出现了6座古城；到商代末期，全国已有26座城市，大部分集中在中原地区；春秋时期，城市数目急速增加到上百座，并且向南发展到长江流域。中国早期的城市基本上都是职能单一的政治与军事中心，规模亦普遍较小。古代城市的建筑经过几千年的演变发展，也逐步形成了一整套完备的制度。

进入封建社会，名城大量涌现。在群雄争霸的战国时期出现了城市发展的第一次高潮。此时不仅城市的数量增加、规模扩大，而且随着工商业的发展，如赵邯郸、齐临淄、楚郢都、燕下都等，既是著名的政治中心，又是商业繁荣的大都会，秦汉时期的中国政治一统、经济繁荣，城市发展出现第二次高潮。秦都咸阳成为中国历史上第一座百万人口的大都市。西汉时期的城市发展到 670 座，长安、洛阳等都城进一步发展；与此同时，又涌现出一批新兴的城市如定陶、睢阳、寿春、番禺（今广州）、桂林、成都等。汉魏六朝时期，虽然国家分裂，南北对峙，但是像洛阳、南京这样的城市依然在继续发展。尤其是凭借长江天险的南京城，依其"龙蟠虎踞"之势，发展成为六朝古都，形成中国江南第一座人口超过百万的大都市。

唐宋时期，封建经济的繁荣推动城市的发展再次出现高潮。但是与秦汉时代相比，由于中国的政治、经济、文化中心相继移向江南，因而江南的城市迅速发展起来。尤其是作为南宋国都的临安（今杭州）发展更为迅速，同时也是商业繁盛、江帆海舶频频进出的港口贸易城市。

明清时代已进入封建社会晚期，由于江南地区条件优越，商品经济迅速发展，因而作为工商业中心的大小城镇在中国东南半壁蓬勃兴起；与此同时，北京和南京的城市建设也因其作为都城的原因而居全国之冠。

中国古代都城规模之大，在世界古代城市建设史上是少有的。现举世界古代 10 座城市面积比较，具体如下：

（1）隋大兴（唐长安）84.10 平方千米（公元 583 年建）。

（2）北魏洛阳约 73.00 平方千米（公元 493 年建）。

（3）明清北京 60.20 平方千米（公元 1421～1553 年建）。

（4）元大都 50.00 平方千米（公元 1267 年建）。

（5）隋唐洛阳 45.20 平方千米（公元 605 年建）。

（6）明南京 43.00 平方千米（公元 1366 年建）。

（7）汉长安（内城）35.00 平方千米（公元前 202 年建）。

（8）巴格达 30.44 平方千米（公元 800 年建）。

（9）罗马 13.68 平方千米（公元 300 年建）。

（10）拜占庭 11.99 平方千米（公元 447 年建）。

中国古代城池中至今保存得比较完整的当推南京城和西安城。其中南京城是现存规模最大的古城，城为明代所筑。东傍钟山，南临秦淮，西踞石头，北近后湖，全长 33.65 千米，高 14～21 米，城基宽 14 米，顶宽 7 米。城垣基础用花岗岩条石砌成，上筑夯土，外砌特制巨型城砖（长 40～45 厘米，宽 20 厘米，厚 10 厘米）。砖缝用石灰和糯米浆浇灌，墙顶用桐油和拌合料结顶，工程十分坚固。在南京内城之外还筑有 60 千米长的外廓城，建 18 座城门，俗称"外十八"；内城有 13 座城门，称"内十三"。内城中以聚宝门（今中华门）最为雄险壮观。南京古城不仅在当时被称为"世界第一大城"，而且也是当今世界现存的规模最大的砖石城垣。

中国的许多古代城市一直被沿用下来，成为今天的历史文化名城。也有不少在历史上曾经是重镇名都，成为古迹遗址，如西周丰镐、郑州商城、安阳殷墟等，它们不仅反映了历代城市的规划情况，也反映了历代人民生产、生活和政治、经济、文化、科学技术的发展情况，具有较高的研究价值。城市的历史文化风貌可以为人们提供一种永恒的、连续的、最富激情的历史对比感和美学享受。城市的历史文化遗存是联系过去与现在、继承与创造的纽带。特别是城市的古建筑格局与环境，可以为城市提供独有的历史个性，对现代城市规划与建设也有裨益。

【名城】云南丽江古城

纳西族渊源于远古时期居住在我国西北河湟地带的羌人，于唐朝以前迁至金沙江两岸，现今居住于滇、川、藏三省十二县境内，大约八万平方千米范围内。

丽江城始建于南宋年间（公元 1127～1297 年）。唐宋时期还只是一两个小村落，元、明、清三朝，纳西族首领为世袭土司，实行高度自治，历时470 年。在二十三代世袭土司与纳西民众的经营下，一座保留着唐宋遗韵的土木建筑群依着山势沿着溪流形成了。那亿万年形成的玉龙雪山，像张开的双臂呵护着古城，姿态雄美而壮丽，雪山最南端海拔高度5596 米的扇子陡主峰，至今未被人类征服。

早在 1938 年，我国著名建筑学家刘敦桢曾写《西南古建筑设想概况》《云南古建筑调查记》等文章，肯定了丽江古城的独特价值。综合看，古城在地势的选择上，北倚象山、金虹山，西枕狮子山，背西北而朝东南，占地势之优，得暖阳之利；城中花束早苏，四季如春。其次是在水的利用上，将玉河水一分为三，三分为九，使每一个巷道里都有泉水流动，空气清新，颇具水乡特色，有人因此称之为"东方威尼斯"。再次是在广场道路的设置上，以四方街为中心，向四周辐射，并由无数条小巷道和拱桥连接成四通八达的网状交通，识路的人可以任意走通每一条巷道，不识路的如入八卦阵营，迷失其中。

古城的另一特色是"人"字屋架的瓦房院落，全城清一色的古建筑，没有现代平顶房杂入其中。瓦房有平房和楼房两种，有四合院，也有"三方一照壁"，多为土木结构。如此风格的古镇实为罕见。在著名的木王府，有仿照故宫模式建造的房屋，几个大殿在中轴线上一溜排开，依山而建的曲廊有些颐和园的风味。

东巴文化十分古老。东巴意为"宗教智者"，是古纳西的巫师和祭师。东巴文字是世界上唯一存活的象形文字，纳西语称"思究鲁究"，意为木石之印记，纳西族1500多个象形文字保留了大量的图画记事痕迹，是研究人类文字发展史的珍贵资料。纳西族使用这些文字记载历史、编写神话以及祭神驱鬼的祭辞。东巴祭司们书写的数十万册经书，保存至今的仍有5万多册，分别珍藏于丽江、昆明、南京、北京以及美、英、法等国的研究机构。

东巴教是纳西族早期氏族宗教，有近百个宗教祭祀仪式和占卜仪式，仪式中使用1000多种经书。不同内容的东巴经典约有1100多卷，包罗万象，不仅东巴音乐、舞蹈、绘画等艺术形式在其中有较完整的体现，也为世界文明保留了原始宗教、哲学、天文、文学等在那个时期发展的面貌。

在丽江还有被誉为"音乐活化石"的纳西古乐，它是多元文化相融相汇的艺术结晶，由白沙细乐、洞经音乐和皇经音乐组成（皇经音乐现已失传）。白沙细乐的主题表现人们的内在感情；洞经音乐具有古朴典雅的江南丝竹风韵，同时又带上纳西民族色彩，使人体味到一种玄妙、悠远、超然的意境。今天的纳西古乐，已更多地成为了群众娱乐和欣赏的音乐活动。

1997年，丽江古城被列入《世界遗产名录》。

第三节　城市公共空间的园林景观艺术

一、城市人文园林景观构成要素

山、水、植物、建筑是构成园林景观的四个基本要素。由此而来，筑山、理水、植物栽培、建筑营造便相应地成为造园的四项主要工作。其中，山、水是园林的骨架，也是园林的山水地貌基础。天然的山水需要加工、修饰、调整，人工开辟的山水则要讲究造型，要解决许多工程问题，筑山和理水成为专门的技艺。植物栽培最早源于生产的目的，后来发展为专供观赏之用的树木和花卉。建筑包括屋舍、桥梁、亭阁、路径、墙、廊、小品以及其他各种工程设施，它们不仅在功能上满足人们的游览、休憩、往来和供给的需要，同时还以其特殊的形象成为园林景观的有机组成部分。一方面，园林是物质财富，属物质文明范畴，它的建设要投入相当的人力、物力和财力，它必然受社会生产力和生产关系的制约；另一方面，山、水、植物、建筑这四个要素经过人们有意识地构建、组合成为有机的整体，创造出丰富多彩的景观，给予人们以美的享受和情操的陶冶。因此，园林又是一种艺术创作，属精神文明范畴。

园林景观还是一个丰富的艺术综合体，它将文学、绘画、雕塑、工艺美术以及书法艺术等融合于自身，创造出一个立体的、动态的、令人目不暇接的艺术世界。也就是说其艺术感染力既产生于山形、水流、植物等人化的自然美和建筑及其与环境的关系之中，还产生于园林艺术与文学等多种艺术相结合的人文美之中。它体现了中国古代文化，古代文学、艺术的高水平，直接影响到造园理论的发展，使园林的布局和造景达到了很高的境界。

（一）山与石

"山川之美，古来共谈"。儒家赋予山水之美以象征道德的审美价值，道家推崇天地之美在于天地具有自然无为的示范价值，传统的审美则与人的精神修养联系在一起。中国园林的主题是人类自然本性的返璞归真和天人合一的理想观念。山与石作为一种独立的审美对象而存在，这是中国文化艺术所特有的。在西方，没有生命的顽石是无法进入人们的审美领域的。

构建气象万千的山体是造园的基本内容，"山性即我性，山情即我情"。人工构建的假山成为人化的自然，是形象和艺术高度统一的艺术品。假山分为两类：独立的石峰和由石头或土石叠成的假山体。起伏的山势造型呈现出深远的空间层次，殊俗特异的石峰展示了超绝的风骨神韵。

石与园林的关系是非常的密切。这种深厚的艺术情感，有人认为和女娲炼五彩之石补天的远古神话有关联。唐时山水文学兴盛，对山水风景的鉴赏，也具备了相当的能力和水平，一旦参与造园，更是把自己的审美感受、人生感悟倾注到园林的山石之中，园林的格调为之提高、升华，园林景观充满人文气息。到宋代，竹、石之景成为文人画中的题材之一，与之有渊源关系。大诗人白居易不仅是造诣颇深的园艺理论家，也是历史上第一个文人造园家，以诗画意境营建了"庐山草堂"。他是最早肯定"置石"美学意义的人。他把顽石看做自己的知心朋友，"回头问双石，能伴老夫否？石虽不能言，许我为三友"。在《太湖石记》中，他肯定了石具有和书、琴、酒相当的艺术价值。文人对美石往往"待之如宾友，视之如贤哲，重之如宝石，爱之如儿孙"。白居易认为，石应该分若干品级，显现出美学价值的差异。太湖石为第一等园用石材，罗浮石、天竺石次之。

太湖石产于江苏太湖洞庭西山一带的水中，为石灰岩。长年受水浪的冲激，石体布满孔穴，色呈青、白、灰三种。低者仅尺余，高的可达五丈，为当时名贵石材。结合湖石的外形形态和内蕴的品格美，人们概括出瘦、绉、漏、透，"清、顽、丑、拙"的绝妙评语。具体地说，瘦——指石头玲珑修长，挺拔有神；绉一石表起伏多褶皱，肌理变化奇幻；漏——石上有眼，玄秘莫测；透——此通于彼，彼通于此，如有道路可行；清——阴柔之美；顽——阳刚之态；丑——突兀不群；拙——浑朴粗疏。

因此，堆叠假山，设计师要"胸有丘壑"，既要掌握叠石原理，又要懂得堆土的技巧及相关的力学知识，还要有一定的审美能力。计成根据假山在园中所处的不同位置，设计了如下几种不同的假山造型样式：

园山：山为一园之尊，随处可见的园中假山是变城市为山水的主要景观，实例为苏州环秀山庄。

厅山：一般用太湖石叠成，置于厅堂前庭。

楼山：楼前堆叠的假山，山要高，距离要远，才能产生深远效果，如苏州留园冠云楼前的"三峰"。

阁山：在阁旁堆叠的假山。山阁组合成一佳境。如扬州个园中之秋、夏山。

书房山：位于园内僻静清幽之处。栏前窗下，灵巧可观。

池山："池上理山，园中第一胜也（《园冶》）。"山水结合，呈现了"模山范水"的特点。颐和园、拙政园中都有范例。

内室山：内庭中的假山。挺拔高峻，不可攀爬为佳。

峭壁山：贴墙叠建，作峭壁状，饰以梅、竹、松、柏等植物，成一幅幅图画。如苏州留园五峰仙馆前的仿庐山五老峰的假山。

土山带石的假山，一般体量都较大。正像李渔所说："小山用石，大山用土。"如北京景山的掇山，主要是用土堆叠而成，但在山麓、山腰以及山径多用叠石，使山势增加。北京北海的白塔山，也是以土为主的假山，山坡上山石半露，极具天然形态；上部的山石构置更增加了山的自然气势；后山部分是外石内土，从揽翠轩而下成断层山崖之势，又有宛转的洞壑、盘曲的山径，就像天然生成一般。浙江现存最大的私园海盐绮园的假山也属于此类，该园南北长、东西短，园中有水池，南、北、东三面造山，呈 E 形环抱全园。南部多湖石，以洞壑造型，山沿池东垣绵延起伏，至池北峰巅，有一小亭。山多古木，浓荫蔽日、清波泛影，颇具山林之气。苏州沧浪亭假山，是黄石抱土，山为腰形土山，自西往东形体较长，东段用黄石垒砌，西段湖石补缀，山脚大石上书"流玉"二字，形成高崖深渊的景观。这是元代以前的以土代石之法，混假山于真山之中。山上古树葱郁，藤萝蔓挂，构成"近山林"佳境。

假山中的特例，为扬州个园的四季山。

"春山"由翠竹和石笋组成，临门翠竹秀枝、石笋参差，构成了一幅以粉墙为纸，竹石为图的生动画面，宛如春天景象。

"夏山"是一座玲珑剔透的湖石假山，云峰在夏日最为多变，山顶有柏如盖，山下水声淙淙，山腰草木掩映，构成了一个浓荫幽深的清凉世界。

"秋山"即黄石山，气魄雄伟，为全园最高点。环园半周，约 20 余丈。黄石配置红枫，倍增秋色，使人回味无穷。

"冬山"选用色泽洁白、体形圆浑的宣石（宣石主要成分是石英），将假山堆叠在南墙之北，给人一种积雪未化的感觉。部分山头借助阳光照射，放出耀眼的光泽。雪山附近的墙面上开了四排约尺许大的圆洞，每排六个，洞口之风呼呼作响，使人感到北风呼啸。周围再用冰裂纹白矾石铺地，腊梅、南天竹点缀，起到了烘托、陪衬作用。既有高超的艺术，又合科学道理。

掇山叠石之前要先选石。一般挑选如下几类：

湖石类属于石灰岩、砂积石类。如太湖石、巢湖石、广东英石、山东仲官石、北京房山石等。体貌玲珑通透，姿态多变耐看。

黄石类如江浙黄石、华南腊石、西南紫砂石等。

北方大青石以产于常州黄山的为最佳，"其质坚，不入斧斫，其文古拙"，厚重粗朴，轮廓呈折线，苍劲嶙峋，具有阳刚之美。

卵圆石类石形浑圆坚硬、风化剥落，多产自海边、河谷，属花岗岩和砂砾岩。

剑石类剑状峰石，如江苏武进斧劈石、浙江白果石、北京青云片等，钟乳石则称石笋或笋石。

　　另有木化石、灵璧石、昆山石、宜兴石、龙潭石等。

　　"磊石成山，另是一种学问，别是一番智巧（李渔《闲情偶寄》）。"叠山垒石在艺术上的创作原则和要求，石山的空间布局及造型的艺术要求有"十要"：宾主、层次、起伏、曲折、凹凸、顾盼、呼应、疏密、轻重、虚实。假山应高低参差，前后错落；主山高耸，客山避让；主次分明，起伏有致；大小相间，顾盼应和；姿态万千，浑然一体。"二宜"：一宜朴素自然；二宜简洁精炼。"六忌"：忌如香炉蜡烛，忌如笔架花瓶，忌如刀山剑树，忌如铜墙铁壁，忌如城郭堡垒，忌如鼠穴蚁蛭。"四不可"：石不可杂，形态要相类；纹不可乱，要脉络贯通；块不可均，要大小相间；缝不可多，要顺理成章（《中国园林艺术论》）。

　　具体的叠石操作技法，有北京山石张祖传"十字诀"：安、连、接、斗、拵、拼、悬、剑、卡、垂；又有"三十字诀"：安连接斗拵，拼悬卡剑垂，挑飘飞戗挂，钉担钓榫札，填补缝垫杀，搭靠转换压。

　　上海豫园西北的黄石假山，是明代叠山大师张南阳的杰作，"高下纡回，为冈、为岭、为涧、为洞、为壑、为梁、为滩，不可悉记，各极其趣"，气势磅礴、重峦叠嶂、宛若天开。它依据"山拥大块而虚腹"的画理，用一条曲折、深邃的山涧切入山腹，使之有分有合，形成强烈的虚实明暗对比。主峰高达12米，用石数千吨，大量黄石采自浙江武康。

　　苏州环秀山庄的湖石假山是国内第一流的园林艺术珍品，为乾隆年间的叠山名家戈裕良所设计。园林占地3亩，假山占地约半亩，是一个以山为主，以水为辅的空间。主山气势磅礴，高出水面约7米；次山箕踞西北与之响应。主山又分前后两部分，前山全部用石叠成，看上去峰峦峭壁，内部则虚空为洞，后山临池用湖石作壁，前后山虽分却气势连绵，浑成一体，构造颇为自然，不见斧凿痕迹。山上蹊径盘曲，长60~70米，洞谷长12米左右，山峰高7.2米，既有危径、山洞、水谷、石室、飞梁、绝壁等境界，又有厅、舫、楼、亭等建筑。"山以深幽取胜，水以湾环见长，无一笔不曲，无一处不藏，设想布景，层出新意。水有源，山有脉，息息相通，以有限面积造无限空间；这廊皆出山脚，补秋舫若浮水洞之上。……西北角飞雪岩，视主山为小，极空灵清峭，水口、飞石，妙胜画本。旁建小楼，有檐瀑，下临清潭，具曲尽绕梁之味。而亭前一泓，宛若点睛。"戈裕良灵活地运用了"宾主胡揖法"造此园，为乾隆嘉庆时叠石技法之艺术范本，叠山之法具备：以大块竖石为骨，用斧劈法出之，刚健矫挺，以挑、吊、压、叠、拼、挂、嵌、镶为辅，山洞用穹隆顶或拱顶结构方法，酷似天然溶洞，且至今无开裂走动迹象，正如戈裕良所说："只将大小钩带联络如造环桥法，可以千年不坏，要如真山塝一般，然后方称能事。"陈从周先生赞曰："环秀山庄假山，允称上选，叠山之法具备。造园者不见此山，正如学诗者未见李、杜，诚占我国园林史上重要之一页（《园韵》）。"

苏州耦园作为全园主景的黄石假山堪称佳构。此山用巨大浑厚、苍古坚拔的黄石块叠成耸立的峰体，横直石块大小相间，以横势为主，气势刚健。假山略偏于轴线一侧，便于从各个角度观赏。山由东西两部分组成，东为主山，平台之东，山势逐渐增高，临近水面处陡转成绝壁；西部较小为副山，自东向西山势渐低，坡度平缓，余脉延及西边长廊。刘敦桢教授认为，此山和明嘉靖年间张南阳所叠上海豫园黄石假山几无差别，或是清初遗构。

苏州狮子林有1200平方米的大假山，占全园面积的13%，以假山众多著称，以洞壑盘旋的奇巧取胜，享有"假山王国"美誉。其主景假山，是元代利用宋时"花石纲"遗留的湖石堆叠而成的，其所叠假山受到当时叠山艺术水平的局限，叠石技艺比不上明末清初的假山杰构。但狮子林作为建于元末的早期禅寺，模仿的是佛教圣地九华山，奇峰怪石突兀嵌空。山形大体可分为东西两部分，各自形成一个大环形，占地面积极大。高踞山顶的狮形巨石狮子峰，是群峰之王，形态飞动，雾天看太阳，还可见到紫气绕狮峰的奇观。另有含晖峰、玄玉峰、吐月峰和昂宵峰。模拟人体与狮形兽像的诸石峰，象征众僧率领怪异狮兽在对狮子峰顶礼膜拜，渲染创造"净土无为，佛家禅地"的幻想意境。最突出的是假山中有山洞十一个，曲径九条，分上、中、下三层，高下盘旋，来回往复，如入迷宫，而且每换一洞，内观外观景象都不同，故此山有"桃园十八景"之称，是中国古典园林中堆山最曲折、最复杂的实例之一。

扬州一片石山房，以叠石假山为主，集北方皇家园林求刚雄与南方私家园林求阴柔的精华于一体，又以叠石带出，别具一格，拓开了扬州园林以"叠石取胜"的构园造景新路。这座太湖石假山，相传为石涛和尚作品。此山倚墙而立，一峰高耸，巍然挺拔，甚为奇峭。越石梁，踏磴道，可至峰顶。峰下构有方形石屋二间，古朴自然，片石山房即由此而得名。它按照石块的大小、石纹的横直构成山峰，与众不同的是，石涛垒石叠山重点突出了悬崖、曲洞、盘道，善于从整体上淋漓尽致地写意表现峰壁的奇峭和动势。这就在继承中国园林叠山传统的基础上，又有不同凡响的重大突破和创新，开拓了扬州园林写意性地布石、垒山、叠壁的构园造景新潮。

"天地至精之器，结而为石。"石既有历史意义，又有文化品格，"石不能言趣无穷"，赏园之际应细细品味。著名景石有北京的"青芝岫"，安置在颐和园"乐寿堂"庭前，巨石长 8 米，宽 2 米，高 4 米，色青润，横放在青石座上，采自北京房山县，为石灰岩。"青莲朵"，是长春园中之园"茜园"中所置奇石，现存于北京中山公园内，石为浅灰褐色，着水后呈淡粉色并出现点点白色，如夕阳残雪，并具玲珑刻削之致，自然状态如花，为"艮岳"遗物。北京还有"青云片"等。广州著名奇石有"九曜石"，在五代南汉主刘䶮的宫苑"九曜园"内，用九块太湖奇石叠成，据《粤东金石略》载："石凡九，高八九尺，或丈余，嵌岩峰兀，翠润玲珑，望之若崩云，既堕复屹，上多宋人铭刻。"另有"鲲鹏展翅"等。

江南的景石数量多，质量也高，具有独特的观赏价值。号称"江南四大名峰"的是瑞云峰、绉云峰、玉玲珑和冠云峰。童寯《江南园林志》说："江南名峰，除瑞云之外，尚有绉云峰及玉玲珑。李笠翁云：'言山石之美者，俱在透、漏、瘦三字。'此三峰者，可占一字：瑞云峰，此通于彼，彼通于此，若有道路可行，'透'也；玉玲珑，四面有眼，'漏'也；绉云峰，孤峙无倚，'瘦'也。"

著名石峰"瑞云峰"，高 5.12 米，宽 3.25 米，厚 1.3 米，高大且秀润，涡洞相套，褶皱相叠，状如"云飞乍起"，相传为北宋"花石纲"遗物，石上刻有"臣朱勔进"四字。据明袁宏道记载："此石每夜有光烛空""妍巧甲于江南"。留园三峰造型意境本于《水经注》中的"燕王仙台有三峰，甚为崇峻，腾云冠峰，高霞翼岭"。冠云峰，为留园的镇园之宝。"如翔如舞，如伏如跧，秀逾灵璧，巧夺平泉"，高耸如展，极嵌空瘦挺之妙，孤高特立，清秀挺拔，阴柔浑朴，高达 6.5 米，峰面似雄鹰飞扑，峰底若灵龟昂首。朵云峰，多孔多皱，文理丰富，层棱起伏，空灵剔透。岫云峰，题名取自陶渊明《归去来兮辞》"云无心以出岫"之句，颇具文人审美情趣。冠云峰周围的建筑和景物都是为赏石而设置。

上海豫园的"玉玲珑"，亭亭玉立，玲珑剔透，这块天然湖石高 5.1 米，宽 2 米，重 5 吨多，浑身上下都是孔洞，石上刻有"玉华"二字，此石有

"天下第一奇石"之誉。

杭州的绉云峰，现存杭州缀景园，为英石所叠置。英石，产于广东英德县。峰高2.6米，狭腰处仅为0.4米，形同云立、纹比波摇，如行云流水，十分空灵。

苏州怡园"坡仙琴馆室"外有两个石峰，恰似两个老人埋头侧耳倾听室内主人弹琴。北廊是取陆游诗意"落涧奔泉舞玉虹"的半亭"玉虹亭"。

苏州网狮园"看松读画轩"中摆有两尊像木墩一样的硅化木化石，据测定有1.5亿年的历史，由于年代久远，被看做是具有永恒象征意义的物件。皇家园林中也常有此类石，作为帝业永继的吉祥物。

宋人米芾有"研山"，直径一尺多，石上合计有五十五个像手指大小的峰峦；有二寸许见方的平浅处凿成砚台。这个研山名气很大，有人用自己在镇江甘露寺沿江一处宅基与米芾交换。米芾用换来的苏氏宅基地建海岳庵（事见《铁围山丛谈》）。后此地为岳珂所得，并建研山园，南宋冯多福写有《研山园记》。

（二）水

智者乐水，仁者乐山。水因其含蓄蕴藉而受人喜爱，水是园林构成要素之一。园林中的水与自然界的水一样具有造景功能和审美特性。园林艺术利用水的色、形、姿、声、光等构成的物象，给人以美的享受。园林离不开山，更离不开水。"山以水为血脉，以草木为毛发""山得水而活，得草木而华""山本静水流则动，石本顽水流则灵"。山石能够赋予水泉以形态，水泉则能赋予山石以灵气。"水随山转，山因水活""春水腻，夏水浓，秋水明，冬水定"（陈从周语），水之重要由此可见。凭借水独具的流动美、动态美、洁净美的自然特性来表达人们主观的审美情感，这也是构筑水景的一种常见手法。由于文化心理的积淀，使水的自然特性都蕴涵着人的品格美相对应的道德、品性，寄寓着人们对澄静恬淡的人生理想的追求。由水山之境而升华为景趣、情趣、理趣相统一的完美的理想境地。

中国古典园林中，几乎是无园没有水，无水不成园。一般来说，以山为主体的园林，水为从体，多作溪流、渊潭等带状萦绕或小型集中的水面；在以水为主体的园林中，水多采用湖泊，辅以溪涧、水谷、瀑布等，较大的园林是多种水体同时存在。园林中的江湖、溪涧、瀑布等来自自然，又高于自然，是对自然之水的提炼、概括。"帘下开小池，盈盈水方积，……岂无大江水，波浪连天白？"（白居易《官舍内新凿小池》）。

据曹林娣教授概括，理水原则为：水面大则分，小则聚；分则萦回，聚则浩渺；分而不乱，聚而不死；分聚结合，相得益彰。源头活水，水随山转；穿花渡柳，近赏远观。飞瀑流泉，深潭浅湾；动静相兼，活泼自然。理水手法有十种：分、隔、破、绕、掩、映、近、静、声、活等。

园林模仿自然界的水体形式有：

池塘：采用条石、块石或片石砌石勘驳岸，水体比较规整，呈长方形、圆形、椭圆形等几何形；池中莳花养鱼。如苏州曲园的"曲水园"、杭州玉泉的鱼池。

湖泊：最为常见的水形，形状不规则，驳岸起伏弯曲，岸边垂柳拂水，水面有浩渺之感。湖中有曲桥、岛洲等。

江河：不规则带状分岔水体。一般以土岸为主，零星放置石块，点缀些藤蔓植物，以模拟江河自然景色。如颐和园后山下的河流、留园西部的之字形小河等。

山溪：与谷涧带形曲折的水面与山峦相配，造成山溪的景象；谷，低凹的幽谷和潺潺流水构成水涧，给人源远流长、高低错落的余韵。

瀑布：模仿自然界瀑布，增添山色、水声之美。人造瀑布造得巧妙，可深得自然之趣。苏州狮子林"听瀑亭"旁的人工瀑布，水闸一开，形成三叠瀑布，气势不凡，引人入胜。

渊潭：指悬崖峭壁之下的狭小水域。

天池：模拟大自然中的天然水池。如绍兴徐渭（文长）青藤书屋，在开井中蓄一小池，方不盈丈，别有趣味。

源泉：既有对天然源泉的艺术加工，又有模仿自然的创作。水源有园外引水，池底泉水，或挖井沟通地下水等。

苏州最大的水景园拙政园的水体处理是江南园林中的上乘之作。此处原是一片积水弥漫的洼地，建园之初，利用自然条件，浚沼成池，环以树木，建成一个以水为主的风景园。现在水面约占全园面积78亩中的3/5。总体布局以水池为中心，全园水体处理以分为主，富于层次和变化，因此，全园水体类型丰富、相互沟通、主次分明。中部水面约占1/3：它利用原来的水源条件，开凿横向水池，以聚水为主，水面宽阔。临水建有不同形体的建筑，具有江南水乡的特色。中心景点远香堂向北，境界大开，一片水面山岛展现在眼前。水中二岛与远山堂隔水相望，起到分割水面和点缀作用，更增添水乡弥漫之意，形成山因水活、水随山转的意境，体现出明洁、清澈、幽静和开朗的自然山水风貌。小沧浪为三间水阁。南北两面临水，东西两侧亭廊围绕，构成独立的水院，把水域划分为二，不但不觉其局促，反觉面积扩大，空灵异常，层次渐多。人们视线从小沧浪穿小飞虹及一庭秋月啸松风亭，水面极为辽阔，而荷风四面亭倒影、香洲侧影、远山楼角皆先后入眼中，真有从小窥大、顿觉开朗的样子。正应了《园冶》中的话："池上理水，园中第一胜地。"拙政园可谓深得其奥妙。

水面处理的或聚或分要视实际水域面积而言，池面形状的确定也要灵活处理。为避免呆板，池面大多采取不规则的形状。而水面的分隔以廊、桥为妙，可以使水面与空间相互渗透、似分还连，最适宜于小水面。较大的水面则多设"水口"，有时形如曲折的水湾，使人望之有深远之感。

网师园是苏州最小的园林，占地仅 7.5 亩左右，但以精致玲珑、小中见大取胜。全园以水面为主体，仅 400 平方米的水面，以"聚"的理水方式构成湖泊形状，给人以湖水荡漾的感觉。水畔建筑轻盈灵巧，植物简洁疏离，亭、台、廊、榭，无不面水，处处有水可依。既增加园景的层次和深度，又不逼压池面，还使池水显得广阔、明净。池岸低矮，叠石成洞穴状，使地面有水广波延和源头不尽之感。园主"渔隐"的主题也得以体现。杜甫有诗"名园依绿水"，网师园正有这意境。

(三) 植物

植物是构建园林景观的基本物质要素之一。

人类的衣、食、住、行，游览娱玩，绿化环境，净化空气，美化生活，都离不开植物。远古时期，已经有园、圃的经营。甲骨文中有古圃字。在植物栽培技术的提高和栽培品种多样化的同时，也使得植物栽培从单纯的经济活动逐渐进入人们的审美领域。较之西方园林中的大多注重植物形状之美，中国园林则是不仅取其外貌形象的美姿，而且还注意到其象征性的寓意。如中国古时有"夏后氏以松，殷人以柏，周人以栗"为社木，即神木的记载，以松、柏、栗分别代表三个朝代的神木，赋予三个观赏树木浓厚的宗教色彩和神圣的寓意。随着社会生产力的提高，人们逐渐消除或淡化了对大自然的神秘感，人们在发现自然的过程中不断亲近大自然，并且感受到大自然的可爱，自然界万物的审美价值逐渐为人们所认识和领悟。农耕时期的先民与树木的关系极其紧密。至晚到西周时，观赏树木就有栗、梅、竹、柳、杨、榆、栎、梧桐、梓、桑、槐、楮、桂、桧等品种，花卉有芍药、茶、女贞、兰、蕙、菊、荷等品种。

植物在园林中的作用被重视，植物配置也就朝有序化方向发展。人们按照自己的意愿和需要进行栽培、种植。欧洲规整式园林的建造，其主导思想是理性主义哲学，它所强调的是"理性的自然"和"有秩序的自然"，在此原则指导下，植物表现为成排成行，乃至树冠形状也被修剪成几何图形，也属必然。中国文化强调的是天人谐和的情调，在儒家学说中还有维护大自然生态平衡等环境意识，提倡顺乎自然的"纯自然"状态，一方面营造"本于自然，高于自然"的山水景观；另一方面又通过创造性劳动，把人文的审美融入其"第二自然"之中，也即是植物成为人文信息的载体，因此具有实用功能和文化价值。

《西京杂记》卷一提到武帝初建上林苑时群臣远方进贡的"名果异树"就有3000余种之多。以下就是书中提到的90多种植物：

"梨十（即梨的十个品种）：紫梨、青梨（实大）、芳梨（实小）、大谷梨、细叶梨、缥叶梨、金叶梨（出琅琊王野家，太守王唐所献）、瀚海梨（出瀚海北，耐寒不枯）、东王梨（出海中）、紫条梨。枣七：弱枝枣、玉门枣、棠枣、青华枣、梬枣、赤心枣、西王母枣（出昆仑山）。栗四：侯栗、榛栗、瑰栗、峄阳栗（峄阳都尉曹龙所献，大如拳）。桃十：秦桃、榹桃、缃核桃、金城桃、绮叶桃、紫文桃、霜桃（霜下可食）、胡桃（出西域）、樱桃、含桃。李十五：紫李、绿李、朱李、黄李、青绮李、青房李、同心李、车下李、含枝李、金枝李、颜渊李（出鲁）、羌李、燕李、蛮李、侯李。奈三：白奈、紫奈（花紫色）、绿奈（花绿色）。查三：蛮查、羌查、猴查。棹三：青棹、赤叶棹、乌棹。棠四：赤棠、白棠、青棠、沙棠。梅七：朱梅、紫叶梅、紫华梅、同心梅、丽枝梅、燕梅、猴梅。杏二：文杏（材有文采）、蓬莱杏（东郡都尉于吉所献。一株花杂五色，六出，云是仙人所食）。桐三：椅桐、梧桐、荆桐。林檎十株，枇杷十株，橙十株，安石榴十株，楟十株，白银树十株，黄银树十株，槐六百四十株，千年长生树十株，万年长生树十株，扶老木十株，守宫槐十株，金明树二十株，摇风树十株，鸣风树十株，琉璃树十株，池离树十株，离娄树十株，白俞、构杜、构桂、蜀漆树十株，楠四株，枞七株，栝十株，楔四株，枫四株。"

从上述的这些情况看来，上林苑就像是一座特大型的植物园，既有郁郁苍苍的天然植被，又有人工树木、花草以及水生植物。许多西域的植物品种也引进苑内栽植，如葡萄、石榴等。

在园林中植物构成了优美的环境，渲染了游览气氛，增添了园林的生机和情趣，丰富了景色的空间层次，起到点缀景点、划分景区、烘托主题、创造意境的作用。园林花木的实用价值，按杨鸿勋先生所说，体现在九大造园功能中：

（1）掩映遮蔽，拓宽空间。如植物的垂直绿化具有独特的艺术效果，它可以柔化墙面，隐蔽不美观的墙体和有碍观瞻的构建物，提供私密性空间。

（2）笼罩景象，成荫投影，改善小气候，植物能起大作用。古木参天，藤蔓延展，环境清凉舒爽，空气洁净新鲜，足以令人怡然而自得。

（3）分隔景致，丰富内涵。"曲径通幽处，禅房花木深。"花木创造出幽深之景。清沈复游览江南名园海宁安澜园时，见到"池甚广，桥作六曲形，石满藤萝，凿痕全掩，古木千章，皆有参天之势，鸟啼花落，如入深山"。袁枚称其"擎天老树绿槎枒，调羹梅也如松古"。大树古木不仅是园内主要的风景画面，还使园景层层深远而奥秘无比。

（4）景物映衬，气韵生动。避暑山庄山岳区景点"山近轩"，是山庄苑中大型的山地园林之一。乾隆诗曰："草房虽不古，而松与古之。"水中的水生植物可以使水面生动活泼、丰富多彩，为园林景色增添情趣，还可以净化水体，增进水质的清凉与透明度。如荷花能够营造"接天莲叶无穷碧，映日荷花别样红"的意境。"蒹葭苍苍，白露为霜。"秋风吹拂下的水中芦苇更具独特风韵。

（5）陈列鉴赏，景象点题。春兰、秋菊、水仙、菖蒲被称为花中"四雅"，都是园林陈设的重要观赏花卉。

（6）渲染色彩，突出季相。溟子在《花镜》中形象地描写了园林花木随着季相时序之变化，呈现出的美丽色彩。三春乐事："梅呈人艳，柳破金芽。海棠红媚，兰瑞芳夸。梨梢月浸，桃浪风斜。"夏天为避炎之乐土："榴花烘天。葵心倾日，荷盖摇风，杨花舞雪，乔木郁葱，群葩敛实。篁清三径之凉，槐荫两阶之粲……"清秋佳景："金风播爽，云中桂子，月下梧桐，篱边噪寒蝉……"寒冬之景："枇杷垒玉，蜡瓣舒香，茶苞含五色之葩，月季逞四时之丽。……且喜窗外松筠，怡情适志。"园林中丰富的色彩可增加构图意趣，并影响感情和空间距离的变化。有楹联云："喜桃露春浓，荷云夏净，桂风秋馥，梅雪冬妍，地僻历俱忘，四时且凭花事告。"扬州何园在植物配置方面，厅前山间栽桂，花坛种牡丹芍药，山麓植白皮松，阶前植梧桐，转角补芭蕉，均以群植为主，因此葱翠宜人，春时绚烂，夏日浓荫，秋季馥郁，冬令苍青。这都有规律可循，是就不同植物的特性因地制宜安排的。

（7）创造园林"声景"。诸如松涛竹韵、桐雨蕉霖、残荷听雨、柳浪闻莺、高槐蝉唱、苔砌蛩吟等，都是天籁之音。沈周《听蕉记》说："夫蕉者，叶大而虚，承雨有声……蕉静也，雨动也，动静戛摩而成声。"苏州拙政园有"听雨轩"，轩周围植竹子、芭蕉、梧桐树，轩南小池中有睡莲，因取唐诗"听雨入秋竹"而名之。拙政园"留听阁"，取唐李商隐的"留得枯荷听雨声！"拙政园的"听松风处"、怡园的"松籁阁"、避暑山庄的"万壑松风"，则是专为听松风而设的景点，都是借助植物造景的成功例子。

（8）绿化美化，营造氛围。园林花木有净化空气的作用，花的香气具有杀菌作用，还有降低噪声、吸尘、防风、防止水土流失、减少地表径流、吸收雨水等物理功能，可招来自然界的飞禽，创造花香鸟语生机勃勃的园林胜境。

（9）根叶花果，四时清供。在大型园林中，它还具有不容忽视的经济价值。早在汉代的"上林苑"，植物中就有不少的果树，包括卢橘、黄甘、枇杷、沙棠、留落（石榴）、杨梅、樱桃等，它们除了装点园景外，鲜果可以采食；西晋石崇的"金谷园"里也有"众果分蔇，嘉蔬满畦，标梅沉李，剥瓜断壶，以娱宾客，以酌亲属"。清康熙时的避暑山庄还有大片的农田和果园、菜圃、瓜地。计成《园冶》中描述过花木的造景："梧阴匝地，槐荫当庭；插柳沿堤，栽梅绕屋；结茅竹里，……夜雨芭蕉，……晓风杨柳。"《洛阳伽蓝记》中记载，吃白马寺中的果实成为当时的风俗。

事实上，花木与环境的不同组合，总是体现着园艺家的精巧构思，它们创造出的各具特色的意境，体现着园艺家的匠心独运。一草一木，倾注着人们深沉的感情，传达出自己的理想品格等精神追求，达到花木与环境、人与自然的和谐统一，营造符合自己审美理想的园林艺术境界。

人们在长期的造园活动和植物栽培实践中，发现和总结出各种不同的花木树木有着不同的生态习性和审美特征。如有的适宜在山坡，有的适宜种在水旁，有的适宜在窗前，有的适宜种在院子一角；有的长在春季，有的长在秋季；有的适宜赏花，有的适宜观叶。还有入画理："春英、夏阴、秋毛、冬骨。"总之，花木的取裁涉及多方面的因素，一要适时适地，二要合理搭配，三要观赏和实用兼顾。有学者认为，植物配置要符合功能上的综合性、生态上的科学性、风格上的民族性和地方性、配置手法上的艺术性。

中国人常常将园林花木拟人化，视其为有生命、有思想的活物，成为人的某种精神寄托，把花木的自然属性比喻为人的社会属性，花木在人们眼中含有特殊的文化意义。《楚辞》中写到多种奇花、异草、灵木；我国最早的诗歌总集《诗经》中就用比兴手法，咏物抒情，引用花木达 105 种之多。

松、柏、栗曾被作为三代神木，也是古老文化和民族的象征。"岁寒，然后知松柏之后凋"，被人看做不畏强权、坚贞不屈的精神象征，松与鹤一起，又表达了人们"松鹤延年"的美好祈愿。

梅有"花魁"之誉，她花姿秀雅、风韵迷人、傲霜斗雪、清香飘逸。花有五瓣，故称"梅开五福"，象征吉祥；文人又视其品格高尚而自标榜。苏东坡赞其"梅寒而秀，竹瘦而寿，石丑而文，是为三益之友"。

兰花：尊为"香祖"，花香清冽，幽居独处，典雅素朴。"高士"般的品质为人们所称道。后也作友谊的象征。

竹：修长有韵致，品格虚心、耿直，高尚不俗，生而有节，被视为气节的象征。扬州个园即以"竹"为园景主题。同时，院中栽竹也寓有"节节高"之意。白居易对竹情有独钟："水能性淡为吾友，竹解心虚即可师"，还写了《善竹记》。

菊花：素洁、率真，傲然独立，推为九月花神。陶渊明有"采菊东篱下，悠然见南山"的诗句。菊花有"隐士"之称，象征刚正不阿、不媚俗、独善其身。

牡丹："百花之王"，雍容华贵，有国色天香的美称。牡丹热烈奔放、生机盎然，象征荣华富贵。唐时更以观赏牡丹为风尚。《群芳谱》中记载 180 余个品种。

芍药：形态富丽、花大色艳，与牡丹相类。"多谢化工怜寂寞，尚留芍药殿春风"。网师园有"殿春簃"。《芍药谱》载："扬州芍药名于天下。"

月季：有花中"皇后"之称，四季常开，青春永驻，多为人咏赞。"惟有此花开不厌，一年长占四时春"（苏轼）。

荷花：为花中"君子"。"出淤泥而不染"，卓尔不群的品格为人们所效仿，被推为六月花神。拙政园主厅远香堂为明时建筑，高大宽敞，面对水域一片，广植荷花。堂名取自周敦颐《爱莲说》名句"香远益清"之意。夏日，莲叶何田田，荷花别样红，构成清丽别致的景观，体现了主人对莲花高洁品格的仰慕之情。杭州西湖的"接天莲叶无穷碧，映日荷花别样红"，更是怡情养性的好景致。

水仙："凌波仙子"为其别称，高雅、脱俗。"莹浸玉洁，秀含芳馨"。

海棠：花中"神仙"，一支可压千林。

根据花木的习性，名称等，人们往往赋予特定的象征意义。如：橄榄象征和平，青松比做英雄，石榴寓含多子，紫薇、榉树比喻达官贵人，桂花比喻流芳百世，梅花象征坚贞，桃李比喻学生，紫荆象征团结，白玉兰象征冰清玉洁。

在古人眼里，园林花木还有"教化"作用。清人有论说："梅令人高，兰令人幽，菊令人野，莲令人淡，春海棠令人艳，牡丹令人豪，蕉与竹令人韵，秋海棠令人媚，松令人逸，桐令人清，柳令人感（张潮《幽梦影》）。"

长久以来，人们在许多植物中看到了自身的美，因而这类植物也就成为一种精神寄托。如颐和园乐寿堂前后庭遍种玉兰、海棠和牡丹，寓意"玉堂富贵"。苏州网师园"清能早达"大厅南庭院中，植两株玉兰，后庭院种两棵金桂，取"金玉满堂"的意思。苏州拙政园的紫藤含"紫气东来"的寓意。苏州留园五峰仙馆前，松下有鹤，构成"松鹤长寿图"。南方住宅前后所种之树有"前榉后朴"的习俗，榉，谐音中举，朴，"仆人"伺候。枇杷，色如黄金，"枇杷熟时一树金"，为大吉大利之物。植物人格化、理想化在园林艺术中很为普遍。园林植物配置还须有诗情画意。"栽花种草全凭诗格取裁"（明·陆绍珩《醉古堂剑扫》）。人们从历史传统文化中汲取营养，借鉴古典诗文的优美意境创造出具有诗情画意的园林美景。植物选择在姿态和线条方面既要显示出自然的美，也要能够表现出绘画的意趣，还要具有"以少胜多"的国画山水画简约的神韵。"咫尺之图，写百千里之景，东西南北宛尔在前，春夏秋冬写于笔下"（王维语）。西方园林常以人工把植物修剪成几何体形状，难入画意。中国园林大多以树木为主调，不以成片、成行排列，常常植以三两株，虬枝蔓藤，给人以郁郁葱葱的感觉。中国园林花木"入画为先，孤赏为主，组合成图"（陈从周语）。如拙政园"海棠春坞"一共才海棠两株、榆一株、竹一丛。这也是中国园林以小见大创作原则的体现。

（四）建筑

园林建筑也是建园要素之一。

中国园林的建筑无论其多寡，以及性质、功能如何，都力求与山、水、植物三者造园要素有机地结合在一起，彼此衬托、辉映、补充、谐调。它与西方园林大异其趣。法国古典式园林按古典建筑的原则来规划园林，以建筑为中心，以建筑轴线的延伸来控制园林全局，甚至不惜使自然建筑化；而英国的风景式园林，则使建筑与其他造园三要素之间的关系处在相对分离的状态，建筑美与自然美无法相统一。中国的园林建筑却能够很好地做到总体上的自然美与建筑美的融合，这要追溯其造园的哲学、美学、文化、思维方式，乃至造园用材等因素。

中国古代强调的是人与宇宙、人与社会生活的关系。它不是构建内部极其空旷让人产生恐惧的空间，而是平易的，接近日常生活的内部空间组合；它不是让人们去获取某种神秘、紧张的灵感或激情，而是提供明确、实用的观念情调；它不是原原本本的自然写实，而是"于有限中见到无限，又是于无限归有限"（宗白华语）。园林建筑是园林中的重点景观，是景域中的构图中心，"这里表现着灵感的民族特点"。与古希腊人对建筑四周的自然风景不关心，孤立地欣赏建筑本身不一样，古代中国人总要把建筑物与外部环境、自然景象紧密地联系起来，这种谐和的情况在一定程度上反映了中国传统"天人合一"的哲学思想及返璞归真的意愿。

建筑美与自然美的融糅还得益于中国古建筑的木框结构，这种个体建筑，内墙外墙可有可无，空间可虚可实、可隔可选，木质的暖和感比阴冷的石头更具亲和力、亲切感，使得中国园林建筑具有了与山、水、植物等结合的多样性、个体形象的丰富性的特点。

木构架建筑的类型有多种，这都是匠师们为了把建筑更好地融糅于自然环境中而进行的创造性劳动的结果。具体有以下几种类型：

厅、堂，为园林中主体建筑，"凡园圃立基，定厅堂为主"（明计成《园冶》）。用长方形木料作梁架的称厅，用圆木料作梁架的称堂。厅，用来会客、宴会、行礼、赏景等，分普通大厅、四面厅、鸳鸯厅、花篮厅、花厅等类型。

四面厅，即四面有廊，往往四面设落地长窗，也有前后两面设落地长窗，左右设半窗。因此，不下厅堂，可以观赏到四周的景色，同时还给人以人和建筑都与周围环境融合在一起的感觉。苏州拙政园远香堂是典型的四面厅，其厅位于中部水池南面，四周落地长窗透空，环观四面景物，犹如观赏长幅画卷。

鸳鸯厅，用屏门、罩、纱等装修手法将厅分隔为空间大小相同的前后两部分，好像两座厅堂合并在一起。前半部向阳，宜于冬日；后半部面阴，宜于夏天，把不同的时间空间组合在一起。厅前后两部分的梁架一为扁作大梁，雕饰精美；一为圆作，极为简练。由此形成对比，如同鸳鸯雄雌不同的外形，故名鸳鸯厅。苏州留园的林泉耆硕之馆是典型的鸳鸯厅。装修精美的卅六鸳鸯馆是拙政园西部的主体建筑，馆北面因池内游戏着十八对鸳鸯，因此称做"卅六鸳鸯馆"；馆南面因小院内有十八株山茶花，山茶花又称曼陀罗花，故称"十八曼陀罗花馆"。馆内的梁架采用四个轩相连的满轩形式，轩形如鹤胫和船篷。卅六鸳鸯馆在四隅各建耳室一间，作为附房。厅的平面和形式别致，在国内少见。

花篮厅，这是一种梁架形式别致的厅堂，其特点是将室内中间的前面或后面的两根柱子不落地，悬吊于搁在东西山墙的大梁上，柱下端雕镂成花篮形。这样的处理既扩大了室内空间，显得开敞，又增添了装饰性。由于受木材性能的限制，花篮厅的面积一般较小，多作为花厅用。苏州拙政园住宅东庭院内的鸳鸯厅，前后两部分均有花篮吊柱，将两种厅的形式组合在一起，形成别致的鸳鸯花篮厅。由于将令人喜爱的鸳鸯和花篮组合在一起，使厅内显得轻盈精巧，洋溢着自然气息。

普通大厅，其面积和体量较大，或前后有廊，或仅设前廊，也有不设廊的，形式无定制。苏州留园五峰仙馆面阔五间，室内高敞，用纱和屏风分隔成主次分明的前后两部分，是留园主要厅堂。前后庭院均堆叠石假山和花台，环境幽雅。堂"自半已前，虚之为堂"。厅堂大多有临水的宽敞平台，面对水景和假山，互为对景构成园中主要景区。

轩馆轩，类似古代的车子，形式多样，并无特定形制。一般建于高处，三面敞开，可观景致，精致轻巧。馆，"散寄之居曰馆"，意思是暂寄居的地方。馆的规模大小不一，一般体量不大。常与其他一小组建筑相连，朝向不定。馆前常有宽大的庭院，苏州拙政园的卅六鸳鸯馆和十八曼陀罗花馆北临水池，南方墙封闭，四角有耳房供出入，形体独特，为园内仅有。

斋、室、房斋，也称山房，较堂小而隐。"气藏而致敛，有使人肃然斋敬之意"。一般称需要静的学舍、书房为斋。室、房，一般为辅助性用房，位于厅堂旁，或园林一隅。

楼阁，用于登高望远，多设在园的四周或半山半水之间，一般有两层。上海豫园内园西南隅的观涛楼高三层，高耸挺秀、造型美观，旧时为士绅名流品茗赋诗、凭栏观赏黄浦江波涛之处。苏州沧浪亭东南隅的看山楼，过去是远眺苏州西南诸山之处，楼名取"有客归谋酒，无言卧看山"之意。此楼建于黄石堆叠的石屋上，具有天然之趣。楼有时在园内处于显要的地位，成为构图中心。

苏州拙政园西部中心的假山上建有浮翠阁，阁平面为八角形，二层攒尖顶，仿佛浮于葱翠树丛之上。"浮翠"二字取自苏轼《华阴寄子由》诗："三峰已过天浮翠，四扇行看日照扉。"

最具书卷气的是宁波的天一阁，明嘉靖时兵部右侍郎范钦为藏书而建，是我国最早的私人图书馆。楼面临庭园，上层缩进，因此建筑虽然面阔六间，却不显得体量庞大。清乾隆为珍藏《四库全书》而修建的文渊、文津、文澜、文汇、文宗等阁，都参照了天一阁的布局和形式。

榭舫，二者均为临水建筑，既有休息、游览的功能，更起着观景和点缀风景的作用。体量都不大，形式轻巧，与水池、池岸相对应、协调。榭，藉景而成，或水边，或花畔，制亦随态。在水边称水榭，又称水阁。临水处有石柱承重，立面或开敞，或设窗，设有栏杆或靠椅。舫，又称旱船，是模仿舟船以突出水乡景观的建筑，登之，产生荡舟水上之感。舫由头舱、中舱、尾舱三部分构成。前舱较高，气势轩昂；中舱较低，顶为两坡式，两侧有和合窗；尾舱多为两层，便于登高眺望。船头有仿跳板的石条与河岸相连。南京煦园"不系舟"建于清乾隆十一年（1746年），用青石砌制，形制古朴，稳重坚实，船身为木构，制作精巧。陆地上的一种称"船厅"。

廊，本为连系建筑物、划分空间的造园手段。"随形而变，依势而曲，或蟠山腰，可旁水际，通花渡壑，蜿蜒无尽。"变化万千，将山、池、房屋、花木联结笼络成一整体。按在园林中的位置可分为沿墙走廊、空廊、回廊、楼廊、爬山廊、水廊等。其中沿墙走廊和空廊较为多见。廊的设置还可打破围墙或院墙的单调、封闭气氛，增加园林风景的层次、深度。

楼廊，又称边楼，有上下两层走廊。扬州何园楼廊、苏州拙政园楼廊、苏州环秀山庄楼廊都各有特色。

爬山廊，建于地势起伏的山坡上，不仅可以连接建筑，高低起伏的走势也丰富了园林景色。如苏州留园涵碧山房西面至闻木樨香轩一段走廊，其旁院墙墙脊也随着走廊起伏呈波浪形（称云墙），更增添了走廊的动感。

水廊，凌跨于水面之上，人行走在廊中恍如身在水上。苏州拙政园西部水廊几经曲折，高低起伏，转折处留出小水院，贴墙堆叠湖石、点缀花木，又成一景。

复廊，即两廊并为一体，中间隔着一道墙，墙上设漏窗，景色互相渗透，似隔非隔。人在廊中行走时，透进各个漏窗看到不同的景色，感受到步移景异的妙趣。苏州沧浪亭复廊分隔园内外，两端分别连接面水轩和观鱼处，廊边驳岸堆砌自然，树木、藤萝相映，水中倒影构成一幅长卷画。

颐和园前山环湖有一条长廊为中国园林长廊之最，也是"世界长廊之最"。共 273 间，728 米长，东起邀月门，与乐寿堂相连，前经排云殿，廊中错落着留佳亭、对鸥舫、寄澜亭、秋水亭、鱼藻轩、涛遥亭等建筑，西至石丈亭。宛如一条长长的纽带，把颐和园前园中的建筑和自然总绾在一起，游人既可欣赏昆明湖辽阔壮观、水天一色的景象，又可仔细观赏长廊梁枋上的"苏式"彩画故事及风景等细微装饰图案，令人叹为观止。

亭既有点景作用，又有观景功能。有时成为园中主景，更是观景的最佳处。其特殊的形象还体现了以圆法天、以方象地、纳宇宙于芥粒的哲理。"惟有此亭无一物，坐观万景得天全"（苏东坡语）。亭子的式样较园林中其他建筑丰富，"无园不见亭"。亭常设于山巅、水际、路旁、林中，小巧玲珑的亭大多不设门窗，亭内空间与周围的自然环境完全融合在一起。墙园林中用砖、石或土筑成的屏障。有内墙、外墙之分。墙的造型丰富多彩，有云墙、花墙等。墙上常设有漏窗，窗景多姿，墙头和墙壁也常有装饰。

此外，园林建筑中的装饰也达到美轮美奂的境界。"世界无论何国，装修变化之多，未有如中国建筑者"（伊东忠太《中国建筑史》）。园林建筑装饰展现了古代工匠们的精湛技艺，也体现了中国传统文化心理，既有祈吉纳福，也有教化功能，还可渲染雅致情趣和文学气氛。无论花卉图案、楹联匾额，既是精美的艺术品，又具有深厚的文化蕴涵。

二、城市人文园林景观构景艺术

中国园林景观的构景中，十分注重人与自然关系的和谐，采用多种手段来表现自然，以达到小中见大、移步换景的理想境界，从而取得自然、恬静、含蓄的艺术效果。中国园林景观一般有以下几种构景手段。

抑景。中国传统审美观讲究含蓄，主张"山穷水尽疑无路，柳暗花明又一村"的艺术方法。因此，在园林设计中，造园家常采用"先藏后露""先抑后扬"的构景手段。即先把园中的景致隐藏起来，不使游人一览无余，然后再通过曲径略展一角撩动心弦，最后才突然展现出来，使人心情为之一振，以此来提高风景的艺术感召力。抑景有"山抑"（如苏州拙政园大门口的假山，这种处理方法称为山抑）、"树抑"（如在苏州的留园、怡园中，利用一片树林或一个转折的廊院才来到园中的处理方法称为树抑）。

借景。"园林之妙，在乎借景"（《园韵》）。将有限的园林景观，融入到周围大自然环境中的方法，叫借景。利用自然地形和环境的特点来组织安排空间，是园林艺术创作的一个重要方法。扬州个园中山顶亭子处，可见群峰都在脚下，北眺瘦西湖、观音山等景色，为"借景"妙法。基本原则是"得景则无拘远近，晴峦耸秀，绀宇凌空。极目所至，俗则屏之，嘉则收之，不分町疃，尽为烟景"。在俯瞰、仰视、远眺、近观之时，让人既能看到如画的景观，又能领略无穷奥妙。如苏州沧浪亭的借景处理，使有限的空间营造出较大的气势。计成《园冶·借景》中说："夫借景，园林之最要者也。如远借、邻借、仰借、俯借、因时而借。然物情所逗，目寄心期，似意在笔先，庶几描写之尽哉。"借远方的山，为远借（如颐和园用一线西堤绿柳，将西部园墙全部隐去，却可远眺数十里外的西山群峰和玉泉宝塔）；借邻近的树，为邻借（如苏州拙政园在西部假山上筑两座高出围墙的亭子，可俯看相邻园中的树木花草）。还有一种叫"因时而借"，可观四季变化。

点景。在园林中起着填空补缺的作用。墙角花坛、夹道幽篁、云墙藤蔓、粉壁题刻，往往在不经意处点缀成趣。留园的花步小筑、石笋古藤、粉墙题额，已经成为标志性景点，堪称点景的杰作；杭州三潭印月也是点景佳作。

添景。当风景点与远方的对景之间是一大片水面，或中间没有中景、近景作为过渡时，对整个风景区来说，就会缺乏观赏性和感染力。景深的感染力，在园林风景的评价中占有极其重要的地位。为此，造园常采用乔木、花卉作中间、近处的过渡景，这种构景手段称为添景。在树种上，既要求形体巨大，又要花叶美观，红叶树的乌桕、柿子、枫香，常绿阔叶树（如香樟、榕树），以及花木果树（如银杏、木棉、玉兰、风木等），均为添景的好材料。

夹景。古代造园家常用建筑物或绿色植物屏蔽左右两侧单调的风景，只留下中央充满画意的远景从左右配景的夹道中映入游人的视线，这种构景手段称为夹景。

对景。对景是突出景物的一种手法。在园林中起联结作用，处在园林轴线或风景视线两端。如拙政园"枇杷园"云墙上的砖砌圆洞门与"嘉实亭""雪香云蔚亭"三景同处在一条视线上，通过圆洞门联系前后景致而构成对景，使"枇杷园"与园中其他景象组合联系在一起，大大增添了该园的景观情趣。北京圆明园、三海等有着辽阔的水面，利用水的倒影、林木及建筑物，能够虚实互见，这也是一种更为动人的"对景"。朱万钟有诗云："更喜高楼明月夜，悠然把酒对西山"说的也是对景。

障景。障景也是造园的一种重要手法，能使景物深藏勿露，耐人寻味，还起着分隔园景、欲扬先抑等多种作用。如拙政园、枇杷园用云墙及绣绮亭土山围成院落，自成一区，辟出圆洞门斜对园中主景——湖山小岛，妙在隔而不断、曲折幽深。拙政园中部原经狭长小弄入园，进门就是一座黄石假山，使全园景色隐藏而不外露。

框景。框景是把自然的风景，用类似画框的房屋的门、窗洞、窗架或乔木树冠抱合而成的空间把远景框起来，构成一幅动人的图画。

漏景。漏景是由框景演变而成。中国园林中，在围墙和穿廊的侧墙上，常常开辟许多美丽的漏窗，可看见园外的风景，这种构景手段称为"漏景"。漏窗的窗洞形状多种多样，有几何图案，有葡萄、石榴、竹节等植物，还有麂、鹤等动物造型。

移景。移景属仿建的一种园林构景方法。如避暑山庄的芝径云堤是仿杭州西湖苏堤所造，扬州瘦西湖的莲性寺白塔是仿北海白塔。移景手段的运用，促进了南北筑园艺术的交流和发展。

园林景观的构景艺术，就是通过布置空间、组织空间、分割空间、利用空间、创造空间、扩大空间等手法，丰富美的感受，创造艺术意境，体现出"大中见小，小中见大，虚中有实，实中有虚，或露或藏，或浅或深，不仅在周回曲折四字也"（沈复《浮生六记》）。

三、城市人文园林景观审美情趣

园林景观体现着自然、历史、民族习惯、民族风格等因素的影响作用。中国古典园林的创作与鉴赏，在世界园艺史上具有十分独特的审美意义和个性特色。虽然在自然美的形成与发展过程中，园林创作也是遵循着艺术表现的一般规律，但在对自然美的感受上，中国园林以其强烈的民族特色而与西方园林迥然不同。西方一般是几何图形园林设计，强调整齐的形式美，而中国的园林则是师法自然，融于自然、顺应自然、表现自然，充分体现了中华民族天人合一的民族文化。

中国园林景观追求的是创造人化的自然美。其艺术感染力既产生于山形、山色、植物等人化的自然美和建筑及其与周围环境的关系之中，还产生于园林艺术与文学等多种艺术相结合的人文美之中。在创作中追求的是意境，是品位，是物质世界中的精神世界；在审美中追求的是寄托，是情景交融；尤其"诗情画意"更是中国园林的特殊艺术追求。"审美感受之深浅，实与文化修养有关"（陈从周语）。作为观赏者，应着力提高自身修养，尽情享受园林艺术无穷的美感。

中国园林景观是一个丰富的艺术综合体，它将文学、哲学、美学、绘画、戏曲、雕塑、工艺美术、书法艺术等融会于一体，创造出一个立体的、动态的、绚丽夺目的艺术世界。它的美，需要把各个艺术门类，如文学、雕刻、书法、音乐等，与令人心旷神怡的山林、蜿蜒的涧溪、飞泻直下的瀑布、奇特的山石、平静的湖面之类自然风景，乃至动植物形体，融为一体，重新铸冶成一种新的艺术作品，才能显示出来。既经组织到园林艺术作品当中的诸元素，便成为园林景象空间不可分割的组成部分，构成一个完整的艺术体系。

中国园林景观是一种理想化的艺术形式。在艺术风格和文化底蕴上独树一帜的中国园林人文内涵极其丰富，洋溢着浓郁的理想主义色彩。每一座园林就是一首诗，每一座园林就是一幅画，每一座园林就是一个精神的家园。园林发展史几乎就是文化史的缩影。人们的价值取向、审美观念、理想追求、艺术情趣等，通过园林的一山一水，一草一木、一亭一阁、一沟一壑，婉转而含蓄地表现出来。

"化实景为虚景，创形象为象征，使人类最高的心灵具体化、肉身化……这就是艺术境界"（宗白华《美学散步》）。

这是源于中国古代传统的审美观念，古人认为大自然的品格是人类一切美好品德的母体。造园家通过运用各种手段和方法，构建营造了园林的艺术之美，供人们尽情娱乐、观赏和品味，但我们对园林的鉴赏，却不能仅仅局限于眼前所见的、具体的外部表象，而应从中感悟，领略、发掘其内在的精神品质之美。也即是从感官的享受，升华为理想的精神境界。这是中华民族自然审美心理在园林欣赏过程中的真实体现。园林景观是再造的自然，它不是机械地模仿自然，而是经过艺术创作和加工，经过提炼和美化，所以说，中国园林是一种体现着人文理想的艺术形式。

中国园林景观深得国画简约之理，以少胜多，以小见大，虚实结合，具有哲理之美和虚拟之美，观赏者得以具有广阔的想象和联想的空间。西方园林强调规则、整齐、对称与平衡，与中国园林的模仿自然、亲近自然迥然不同，西方园林重在体现人对自然的改造和征服，更多的是人为的方式以及力量的展示。在园林中，常常表现为方正的人工湖、宽阔的运河、笔直的道路、排列成行的行道树、修剪成立方体或圆柱体形状的树冠，还有喷泉等。中国园林景观从造园构想规划到实施建造，再到成型竣工，直至游玩观赏，这中间始终贯穿着一条主线，即人与自然的和谐相处，这中间融入了人生的思考和生命的感悟。"醉翁之意不在酒，在乎山水之间也。"这"虽由人作，宛如天成"的园林，与大自然一样，能够给予人们哲理的启迪和美的享受。

中国园林景观有一种逸趣美。李渔《一家言》中说"宁雅勿俗"。文震亨的《长物志》更是把文人的雅逸作为园林从总体规划直到细部处理的最高指导原则。在中国特有的、漫长的封建社会中发展和成熟起来的园林艺术，特别是私家园林，主人因各种际遇和心态，钟情于山川，寄情于园林，去追求"城市山林"的隐逸生活。"不出城郭，而享山林之美。"在造园过程中，除了艺术再现自然山水之美外，同时寄托着士大夫阶层一些人物的感情。即使是园林中的花草树木，也同样寄寓着园主们强烈的主观感受，蕴含着丰富的文化意义，表现出超凡脱俗的人格和胸怀。个人的追求与对自然的欣赏结合起来，使园林的内容更加丰富。中国园林景观还体现出辩证统一的哲理美。在构园过程中，较好地处理一系列对应关系，如人与园、园与景、花与木、山与水、石与土、建筑与环境、自然与人文等。在构园艺术中则表现为虚与实、藏与露、远与近、高与低、透与隔、刚与柔、雅与俗、曲与直、疏与密、源与流、多与少、大与小、断与续、简与繁、俯与仰、动与静的统一。在赏园中又充分调动主体的主观能动性，融景、情、事、理于游园、赏园这一高雅活动之中。所谓园林韵味，正是人的精神。

中国园林景观体现出自然美、艺术美和理想美的有机统一，其审美情趣非常独特，这种"移天缩地在君怀"的园林艺术，在世界园林史上也是独树一帜。

【名园·名文】唐白居易《池上篇》序

都城风土水木之胜在东南隅，东南之胜在履道里，里之胜在西北隅。西闹北垣第一第即白氏叟乐天退老之地。地方十七亩，屋室三之一，水五之一，竹九之一，而岛池桥道间之。初乐天既为主，喜且曰："虽有台池，无粟不能守也"乃作池东粟廪；又曰："虽有子弟，无书不能训也。"乃作池北书库；又曰："虽有宾朋，无琴酒不能娱也。"乃作池西琴亭，加石樽焉。乐天罢杭州刺史时，得天竺石一、华亭鹤二，以归；始作西平桥，开环池路。罢苏州刺史时，得太湖石、白莲、折腰菱、青板舫，以归；又作中高桥，通三岛径。罢刑部侍郎时，有粟千斛、书一车，洎臧获之习管善弦歌者指百，以归。先是颖川陈孝山与酿法，酒味甚佳；博陵崔晦叔与琴，韵甚清；蜀客姜发授《秋思》，声甚淡；弘农杨贞一与青石三，方长平滑，可以坐卧。大和三年夏，乐天始得请为太子宾客，分秩于洛下，息躬于池上。凡三任所得，四人所与，洎吾不才身，今率为池中物也。

每至池风春，池月秋，水香莲开之旦，露清鹤唳之夕，拂扬石、举陈酒、援崔琴、弹奏《秋思》，颓然自适，不知其他。酒酣琴罢，又命乐童登中岛亭，合奏《霓裳散序》，声随风飘，或凝或散，悠扬于竹烟波月之际者久之；曲未竟，而乐天陶然已醉，睡于石上矣。睡起偶咏，非诗非赋，阿龟握笔，因题石间，视其粗成韵章，命为《池上篇》云尔。

诗附录：十亩之宅，五亩之园。为水一池，有竹千竿。勿谓土狭，勿谓地偏。足以容睡，足以息肩。有堂有序，有亭有桥，有船有书，有酒有肴，有歌有弦。有叟在中，白须飘然，识分知足，外无求焉。如鸟择木，姑务巢安，如蛙居坎，不知海宽。灵鹤怪石，紫菱白莲，皆吾所好，尽在吾前。时引一杯，或吟一篇。妻孥熙熙，鸡犬闲闲。优哉游哉，吾将终老乎其间。

注：《池上篇》是白居易的一首诗。公元 829 年白氏在洛阳建园，本文记录了白氏园林的创建经过、各类物件的来历，以及景物布局、四时变化之景等。白居易为文人造园

第一人，文中反映了作者的园林美学思想和寄情山水自然的恬淡心境。

【名园·名文】清袁枚《随园记》

金陵自北门桥西行二里，得小仓山。山自清凉胚胎，分两岭而下，尽桥而止。蜿蜒狭长，中有清池水田，俗号干河沿。河未干时，清凉山为南唐避暑所，盛可想也。凡称金陵之胜者，南曰雨花台，西南曰莫愁湖，北曰钟山，东曰冶城，东北曰孝陵、曰鸡鸣寺。登小仓山，诸景隆然上浮。凡江湖之大，云烟之变，非山之所有者，皆山之所有也。

康熙时，织造隋公当山之北巅，构堂皇，缭垣牖，树之荻千章、桂千畦，都人游者，翕然盛一时，号曰隋园，因其姓也。后三十年，余宰江宁，园倾且颓弛，其室为酒肆，舆台欢呀，禽鸟厌之不肯妪伏，百卉芜谢，春风不能花。余恻然而悲。问其值，曰三百金，购以月俸。茨墙剪园，易檐改途。随其高，为置江楼；随其下，为置溪亭；随其夹涧，为之桥；随其湍流，为之舟；随其地之隆中而欹侧也，为缀峰岫；随其蓊郁而旷也，为设宦窔。或扶而起之，或挤而止之，皆随其丰杀繁瘠，就势取景，而莫之夭阏者，故仍名曰随园，同其音，易其义。

落成叹曰："使吾官于此，则月一至焉；使吾居于此，则日日至焉。二者不可得兼，舍官而取园者也。"遂乞病，率弟香亭、甥湄君移书史居随园。闻之苏子曰："君子不必仕，不必不仕。"然则余之仕与不仕，与居兹园之久与不久，亦随之而已。夫两物之能相易者，其一物之足以胜之也。余竟以一官易此园，园之奇，可以见矣。己巳三月记。

注：袁枚居江宁（今南京）筑室小仓山隋氏废园，改名随园。文中记录了园的地理位置、来历、名称由来，园中诸景的布置和安排；同时连带着小仓山、清凉山、干河沿、雨花台、莫愁湖、钟山、孝陵、鸡鸣寺等金陵胜景，体现出袁枚随形设置、就势取景的构园技巧和独到的园林美学思想。

第四节　城市公共空间的建筑景观艺术

一、城市公共空间的环境景观概述

任何一个民族、一种文化，都有其独特的理想环境模式，对环境的审美、体验与特定的民族文化和心理是分不开的。中国古代主张天时、地利、人和诸方面的和谐统一，信仰和追求的是天人合一、人与自然的和谐相处，这与西方的征服自然，与自然的对立情绪不同。对自己藉以生息和活动的环境的选择，有其特殊的要求和理想化的标准，有着自己的表达方式。概而言之，即为尊重自然、尊重文化、尊重人自己。

在人与环境的关系方面，城市的择地与构建十分的讲究。中国古代的"堪舆"学强调自然环境，强调天文、地理、地况、形态与人及建筑的关系，关注建筑与人居环境的和谐，现代人更需要注重历史文脉的保护、传承和文化的弘扬。

对自然山水名胜的感情交流，也是情寄于景，以景怡情，视自然景观为具有生机和活力的生命体，从中观照和感悟人类自身的生存价值和生命意义，进而得到精神的升华和灵魂的净化。"惟江上之清风，与山间之明月，耳得之而为声，目遇之而成色，取之无禁，用之不竭，是造物者之无尽藏也，而吾与子之所共适"（苏轼《前赤壁赋》）。千百年来，人类的生产实践活动及精神的辐射，创造了极具人文内涵的"第二自然"——环境景观。人类在更为广袤的环境空间里获得了更大的精神遨游的自由天地。

二、城市公共空间的各类人文建筑

（一）西方古典建筑景观

在奴隶制社会时代，建筑文化发达的地区是埃及、西亚、波斯、希腊和罗马，建筑水平比较高，对后世的影响比较大。其中，希腊和罗马的建筑文化2000多年来一直被继承下来，成为欧洲建筑学的渊源。希腊、罗马的文化称为古典文化，它们的建筑统称为古典建筑。

1. 埃及建筑

埃及是世界上较古老的文明古国之一，位于非洲东北部尼罗河的下游。由于尼罗河贯穿全境，土地肥沃，成为古代文化的摇篮。大约在公元前3000年左右，埃及建立了美尼斯王朝，成为统一的奴隶制帝国。古埃及的建筑史可分为三个时期，即古王国时期（公元前3200~前2400年），主要建筑是著名的金字塔；中王国时期（公元前2400~前1580年），以石窟陵墓为代表；新王国时期（公元前1580~前1100年），是古埃及的鼎盛时期。适应专制统治的宗教以阿蒙神（太阳神）为主神，法老被视为阿蒙神的化身，神庙取代陵墓，成为这一时期最重要的建筑。

萨卡拉的昭赛尔金字塔随着中央集权国家的巩固和强盛，越来越刻意制造对皇帝的崇拜，用永久性的材料——石头，建造了一个又一个的陵墓，最后形成了金字塔。第一座石头的金字塔是萨卡拉的昭赛尔金字塔，大约建造于公元前3000年，它的基底东西长126米，南北长106米；高约60米。它是台阶形的，分为6层。周围有庙宇，整个建筑群占地约547米×278米。但是，昭赛尔金字塔的祭祀厅堂、围墙和其他附属建筑物还没有摆脱传统的束缚，它们依然模拟用木材和芦苇造的宫殿，用石材刻出那种宫殿建筑的种种细节，不过，这做法也有一定的艺术效果，它们的纤细华丽把金字塔映衬得更端重、单纯，纪念性更强。

吉萨金字塔群胡夫金字塔是其中最大者，形体呈立方锥形，四面正向方位，塔原高146.5米，现为137米，底边各长230.6米，占地5.3公顷，用230余万块平均约2.5吨的石块干砌而成。塔身斜度呈51°52′，表面原有一层磨光的石灰岩贴面，今已剥落，入口在北面离地17米高处，通过长甬道与上中下三墓室相连，处于皇后墓室与法老墓室之间的甬道高8.5米、宽2.1米，法老墓室有两条通向塔外的管道，室内摆放着盛有木乃伊的石棺，地下墓室可能是存放殉葬品之处。这座灰白色的人工大山以蔚蓝天空为背景，屹立在一望无际的黄色沙漠上，是千百万奴隶在极其原始的条件下劳动与智慧的结晶。

卡纳克的阿蒙神庙（Great temple of ammon）。新王国时期，皇帝们经常把大量财富和奴隶送给神庙，祭司们成了最富有、最有势力的奴隶主贵族。神庙遍及全国，底比斯一带神庙络绎相望，其中规模最大的是卡纳克（karnak）和鲁克索（luxor）两处的阿蒙神庙。卡纳克的阿蒙神庙是在很长时间陆续建造起来的，总长336米、宽110米。前后一共造了六道大门，而以第一道为最高大，它高43.5米、宽113米。主神殿是一柱子林立的柱厅，宽103米、进深52米，面积达5000平方米，内有16列共134根高大的石柱。中间两排十二根柱高21米、直径3.6米，支撑着当中的平屋顶，两旁柱子较矮，高13米、直径2.7米。殿内石柱如林，仅以中部与两旁屋面高差形成的高侧窗采光，光线阴暗，形成了法老所需要的"王权神化"的神秘压抑的气氛。在卡纳克神庙的周围有孔斯神庙和其他小神庙，宗教仪式从卡纳克神庙开始，到鲁克索神庙结束。二者之间有一条一公里长的石板大道，两侧密排着圣羊像，路面夹杂着一些包着金箔或银箔的石板，闪闪发光。这些巨大的形象震撼人心，精神在物质的重量下感到压抑，而这些压抑之感正是崇拜的起始点，这也就是卡纳克阿蒙神庙艺术构思的基点。

埃及产生了人类历史上第一批各种类型的巨型建筑，有宫殿、府邸、神庙和陵墓。这些建筑物以巨大的石块为主要建筑材料，工程浩大、施工精细，产生了震撼人心的艺术力量。埃及人用庞大的规模、简洁稳定的几何形体、明确的对称轴线和纵深的空间布局来达到雄伟、庄严、神秘的效果。

2. 西亚和波斯建筑

在公元前 4000 年前后，被《圣经》称作圣地的西亚两河流域产生过灿烂的文化，辉煌的历史。在建筑的发展上经历三个时期：（1）巴比伦时期；（2）亚述时期；（3）波斯时期。时间从公元前 19 世纪到公元前 4 世纪。两河流域因每年多雨水，洪水泛滥，所以西亚建筑物多置于大平台上。西亚人采用烧制砖和石板贴面做成墙裙，以后又发明了防水性好、色泽艳丽的琉璃，广泛用于建筑，分布地域极广，对拜占庭建筑和伊斯兰建筑影响很大。波斯的宫殿极其奢华，最为著名的是帕赛玻里斯宫。

帕赛玻里斯宫。波斯人曾创立横跨亚非欧的伟大帝国，他们信奉拜火教，露天设祭，没有庙宇。按部落特有观念，皇帝的权威不是由宗教建立的，而是由他所拥有的财富建立的，波斯皇帝的掠夺和聚敛不择手段，他们的宫殿，极其豪华壮丽，却没有宗教气氛。珀赛玻里斯宫（Palaus of Persepolis）是其中最著名的一所，建于公元前 518~前 460 年，是波斯王大流士和泽尔士所造的宫殿建筑群倚山建于一高 15 米、面积 460 米×275 米的大平台上，入口处是一壮观的石砌大台阶，宽 6.7 米，邻近两侧刻有 23 个城邦向波斯王朝贡的浮雕，前有门楼，中央为接待厅和百柱厅，东南面为宫殿和内宫，周围是绿化和凉亭等，布局整齐但无轴线关系。伊朗高原盛产硬质彩色石灰岩，再加上气候干燥炎热，所以建筑多为石梁柱结构，外有敞廊。

3. 古希腊建筑

在公元前 8 世纪，在巴尔干半岛、小亚细亚两岸和爱琴海的岛屿上建立了很多小的国家，以后又向意大利等地拓展，这些国家和地区之间的政治、经济、文化关系密切，总称为古代希腊。大约在公元前 1200 年，古代希腊开始了它的文明进程。从时间上看，它的古代历史可分为四个时期：（1）荷马时期（公元前 1200~前 800 年）；（2）古风时期（公元前 800~前 600 年）；（3）古典时期（公元前 500~前 400 年）；（4）希腊化时期（公元前 400~前

100 年）。

在古希腊早期文化上，还记载着爱琴海文化时期（公元前 3000～前 2000 年）。在克里特岛和迈西尼曾经有过人类文明，它的一些建筑技术、形制为以后古希腊所继承。古希腊是欧洲文化的摇篮，同样也是西欧建筑的开拓者，并且深深地影响着欧洲 2000 多年的建筑史。希腊建筑是西洋建筑的先驱，它所创造的建筑艺术形式、建筑美学法则、城市建设等都堪称西欧建筑的典范，为西洋建筑体系的发展奠定了良好的基础，以致对全世界的建筑发展都具有相当大的影响。古希腊建筑不以宏大雄伟取胜，而以端庄、典雅、匀称、秀美见长。雅典卫城是古希腊建筑文化的典型代表，其中的帕提农神庙是西方建筑的不朽瑰宝。

雅典卫城。公元前 5 世纪中叶，在希波战争中，希腊人以高昂的英雄主义精神战败了波斯的侵略，作为全希腊的盟主，雅典进行了大规模的建设。建设的重点在卫城，在这种情况下，雅典卫城达到了古希腊圣地建筑群、庙宇、柱式和雕刻的最高水平。卫城借鉴了民间圣地建筑群自由活泼的布局方式，并在结合地形、体量布局上更向前发展了一步。建筑物的选位是经过周密设计、反复推敲选定的，使卫城的各个主要建筑物处在空间的关键位置上，摒弃了传统的简单轴线关系，是结合地形布局的典范。这种布局考虑了从城下四周仰望形成最佳的美感，也考虑了置身卫城时环看四周产生的最佳视线。卫城建在一个陡峭的山冈上，仅西面有一通道盘旋而上，建筑物分布在山顶约 280 米×130 米的天然平台上。卫城的中心是雅典城的保护神——雅典娜的铜像，主要建筑是帕提农神庙，建筑群布局自由，高低错落、主次分明，无论是身处其间或是从城下仰望，都可看到较完整的丰富的建筑艺术形象。帕提农神庙位于卫城最高点，体量最大、造型庄重，其他建筑则处于陪衬地位。卫城南坡是平民的群众活动中心，有露天剧场和敞廊。卫城在西方建筑史中被誉为建筑群体组合艺术中的一个极为成功的实例，特别是在巧妙地利用地形方面最为杰出。雅典卫城中还有伊瑞克提翁神庙（以著名的女像柱廊闻名于世）和胜利神庙。

4. 古罗马建筑

古罗马国力强盛，版图跨欧亚非三洲。其历史大致可分为三个时期：（1）伊特鲁里亚时期（公元前 750～前 300 年）；（2）罗马共和国时期（公元前 510～前 30 年）；（3）罗马帝国时期（公元前 30～公元 475 年）。

古罗马人沿袭了亚平宁半岛上伊特鲁里亚人的建筑技术（主要是拱券技术），继承古希腊建筑成就，在建筑形制、技术和艺术方面广泛创新。古罗马建筑在1~3世纪为极盛时期，达到西方古代建筑的高峰。表现在建筑类型多，有庙寺宗教建筑，如罗马万神庙、太阳神庙等；有皇宫，如古罗马皇宫；有剧院、角斗场、浴场，以及广场和巴西利卡（长方形会堂）等公共建筑。居住建筑有内庭式住宅、内庭式与围柱式院相结合的住宅，还有四五层公寓式住宅。这类公寓常用标准单元，底层设商铺，楼上有阳台，与现代公寓大体相似。古罗马世俗建筑的形制相当成熟，与功能结合得很好。古罗马建筑艺术成就很高，大型建筑物风格雄浑凝重，构图和谐统一，形式多样。其重要性在于：（1）新创了拱券覆盖的内部空间。（2）发展了古希腊柱式的构图，使之更有适应性。（3）出现了各种弧线组成的平面、采用拱券结构的集中式建筑物，哈德良离宫就是一个成功的实例。初步建立了建筑科学理论。公元前1世纪，罗马建筑师维特鲁威所著《建筑十书》是流传下来的最早的著作。书中第一次提出了"坚固、实用、美观"的建筑三原则，为欧洲建筑学奠定了理论基础。同时，希腊建筑在建筑技艺上的精益求精与古典柱式也强烈地影响着罗马。把古希腊柱式发展为五种，即多立克柱式、塔司干柱式、爱奥尼克柱式、科林斯柱式和组合柱式，并创造了券柱式。

　　万神庙。单一空间、集中式构图的建筑物的代表是罗马城的万神庙，它也是罗马穹顶技术的最高代表。在现代结构出现以前，它一直是世界上跨度最大的大空间建筑。早期的万神庙也是前柱廊式的，但焚毁之后，重建时采用了穹顶覆盖的集中式形制。新万神庙是圆形的，穹顶直径达43.3米，顶端高度也是43.3米。按照当时的观念，穹顶象征天宇。它的中央开一个直径8.9米的圆洞，象征着神和人的世界的联系，有一种宗教的宁谧气氛。结构为天然混凝土浇筑，为了减轻自重，厚墙上开有壁龛，龛上有暗券承重，龛内置放神像。神像外部造型简洁，内部空间在圆形洞口射入的光线映影之下雄伟壮观，并带有神秘感，室内装饰华丽，堪称古罗马建筑的珍品。剧场和斗兽场角斗场起源于共和末期，平面是长圆形的，相当于两个剧场的观众席，相对合一。它们专为野蛮的奴隶主和贵族看角斗而造。从功能、规模、技术和艺术风格各方面看，罗马城里的大角斗场是古罗马建筑的代表作之一。大角斗场长轴188米、短轴156米，中央的"表演区"长轴86米、短轴54米。观众席大约有60排座位，逐排升起，分为五区。前面一区是荣誉席，最后两区是下层群众的席位，中间是骑士等地位比较高的公民坐席。为了架起这一圈观众席，它的结构是真正的杰作。运用了混凝土的筒形拱与交叉拱，底层有石墩子，平行排列，每圈30个；底层平面上，结构面积只占1/6，在当时是很大的成就。这座建筑物的结构、功能和形式三者和谐统一，成就很高。它的形制完善，在体育建筑中一直沿用至今，并没有原则上的变化。它雄辩地证明着古罗马建筑所达到的高度，古罗马人曾经用大角斗场象征永恒，它是当之无愧的。

公元4世纪下半叶起，古罗马建筑逐渐趋于衰落。15世纪后经过文艺复兴、古典主义、古典复兴以及19世纪初期法国的"帝国风格"的提倡，古罗马建筑在欧洲重新成为学习的范例。这种现象一直持续到20世纪20～30年代。古罗马建筑的书籍和图画在明代末年开始传入中国，但当时对中国建筑没有产生实际影响。

5. 拜占庭建筑

由于受地理环境的影响，拜占庭帝国吸取了波斯、两河流域的文化成就，建筑在罗马遗产和东方文化基础上形成了独特的拜占庭体系。建筑的形式和种类十分丰富，有城墙、道路、宫殿、广场等。建筑物最大的特点就是穹窿顶的大量应用；在装饰艺术上十分精美，色彩斑斓。教堂越建越大，君士坦丁堡的圣索菲亚大教堂（公元532年～537年）为拜占庭建筑最光辉的代表。

这座大教堂平面近正方形，东西长77米、南北长71.7米，入口处是用环廊围起的院子，院中心是施洗的水池，通过院子再通过两道门廊才进入教堂中心大厅。拜占庭建筑的光辉成就在这座教堂中可以完美的体现出来：（1）穹顶结构体系完整，教堂中心为正方形，每边边长32.6米，四角为四个大圆柱及四个柱墩，柱墩的横断面积为7.6米×18米，中央为32.6米直径的大穹顶，穹顶通过帆拱架在四个柱墩上，中央穹顶的侧推力在东西两面由半个穹顶扣在大券上抵挡，它们的侧推力又各由斜角上两个更小的半穹顶和东西两端的各两个柱墩抵挡，使中央大厅形成一个椭圆形，这种力的传递，结构关系明确，十分合理，中央大通廊长48米，宽32.6米，通廊大厅的一端有一半圆龛，通廊大厅两侧为侧通廊，两层高，宽约15米。（2）集中统一的空间。教堂中大穹顶总高度54米，穹顶直径虽比罗马万神庙小10米，但索菲亚大教堂的内部空间给人的感觉要比万神庙大。这是因为拜占庭的建筑师巧妙地运用了两端的半圆穹顶，以及两侧的通廊，这样便可以大大地扩大了空间，形成了一个十字形的平面，而万神庙只局限于单一封闭的空间。另外，在穹顶上有 40 个肋，每两个肋之间都有窗子，它们是照亮内部的唯一光源，也使穹顶宛如不借依托飘浮在空中，从而也起到了扩大空间的艺术效果。(3) 内部装饰艺术同样具有拜占庭建筑的最高成就。彩色马赛克铺砌图案地面，柱墩和墙面用白、绿、黑、红等彩色大理石贴面。柱身是深绿色的，柱头是白色的。穹顶和拱顶全用玻璃马赛克饰面，底子为金色和蓝色，从而构成了一幅五彩缤纷的美丽画面，使人们仿佛来到了一个可爱的百花盛开的草地。

6. 罗马风建筑

罗马风建筑属西欧封建社会初期（9～12 世纪）的建筑。由于社会秩序比较稳定，各国具有民族特色的文化随之发展。建筑除了教堂外，还有城堡、修道院等，人们为了寻找罗马文化的渊源，并感觉罗马文化和艺术，当时许多的西欧建筑尤其是教堂，都做成了古罗马的形式，如运用圆形的拱顶和带有柱式的长廊。经过长期的摸索、实践，形成了自己风格的建筑，即"罗马风建筑"。罗马风建筑多用重叠的连续发券、群集的塔楼、突出的翼殿，正门上方常设一个车轮式圆窗，当然不同地区也有差别。代表建筑有意大利的比萨大教堂、德国的圣来伽修道院、沃尔姆斯大教堂。

意大利比萨大教堂的钟塔和洗礼堂是意大利中世纪最重要的建筑群之一。它是为纪念 1062 年打败阿拉伯人、攻占巴勒摩而造的。主教堂是拉丁十字式的，全长 95 米，有四排柱子。中厅用木桁架，侧廊用十字拱。正面高约 32 米，有四层空券廊作装饰，形体和光影都有丰富的变化。位于东侧的钟楼就是斜塔，它是教堂的配套建筑，远比雄伟壮丽的主教堂、洗礼堂荣耀有名得多。这座钟楼采用白色大理石建造，呈圆柱形，高八层、55 米，塔基直径 19.6 米，重约 14500 吨。于 1173 年动工以来，就几经挫折，引起世人关注。当建至第三层时，由于地基下沉，塔身向南倾斜，因而建建停停，停停建建，直到 1350 年终于建成。可是，始终未能遏制塔身倾斜的趋势，每年以一定的速度倾斜；到了 1990 年，顶部偏离垂直中心线达 4.5 米，斜塔摇摇欲坠，也只好停止向游人开放。从 1991 年起，国际拯救比萨斜塔委员会开始修复和抢救工作。比萨斜塔如此名声远扬，引人入胜，不只是严重倾斜而不倒塌，还有伟大科学家的身影。16 世纪 90 年代，著名的物理学家、天文学家伽利略来到斜塔做过"自由落体观察和试验"，从塔上抛下两个不同重量的铁球，否定了亚里士多德关于"物体下落速度与重量成正比"的结论，确定了自由落体定律，因而使比萨斜塔更有影响。经过近 11 年的努力，调整塔的重心，其斜度恢复到 18 世纪的状态。这是建筑史上的一大奇迹。

7. 哥特式建筑

12 世纪以后，随着宗教的发展，一些大教堂也越修越大，越来越高耸。特别是在 12~15 世纪，以法国为中心的宗教建筑在罗马风建筑的基础上又进一步发展，创造了一种以高、直为主要特点的建筑，称为哥特式建筑。这种建筑创造性的结构体系以及艺术形象成为中世纪西欧最大的建筑体系。

代表建筑：法国的巴黎圣母院、法国的科隆大教堂、英国的索尔兹伯里大教堂、意大利米兰大教堂。

米兰大教堂建于 1386 年，是欧洲中世纪最大的教堂，内部大厅高 45 米、宽 59 米，可容纳 4 万人。外部讲究华丽，上部有 135 个尖塔，像森林般冲上天空；下部有 2245 个装饰雕像，艺术性极强。

巴黎圣母院建于 1163~1250 年，是法国早期哥特建筑的典型实例，位于巴黎城中。其入口西向，前面广场是市民的市集与节日活动中心。教堂平面宽约 47 米，深约 125 米，可容近万人。东端有半圆形通廊；中厅很高，是侧廊（高 9 余米）的 3 倍半；结构用柱墩承重，使柱墩之间可以全部开窗，并有尖券、飞扶壁等；正面是一对高 60 余米的塔楼，粗壮的墩子把立面纵分为三段，两条水平向的雕饰又把三段联系起来；正中的玫瑰窗（直径 13 米）、西侧的尖券形窗、到处可见的垂直线条与小尖塔装饰都是哥特建筑的特色。特别是当中高达 90 米的尖塔与前面的那对塔楼，使远近市民在狭窄的城市街道上举目可见。马克思在谈到天主教堂时说："巨大的形象震撼人心，使人吃惊。……这些庞然大物以宛若天然生成的体量物质影响人的精神。精神在物质的重量下感到压抑，而压抑之感正是崇拜的起点。"

8. 意大利文艺复兴建筑

文艺复兴运动：城市经济的发展，带动了建筑业的发展，推动了建筑理论的活跃和发展，进而又促进了建筑的发展。文艺复兴（Renaissance）、巴洛克（Baroque）和古典主义（Classicism）是 15~19 世纪先后流行于欧洲各国的建筑风格，其中文艺复兴和巴洛克出现在意大利，古典主义是在法国，三者并称文艺复兴时期的建筑。文艺复兴运动对建筑的影响始于佛罗伦萨圣玛利亚主教堂的穹顶。该建筑为了追求稳定感，一改哥特式教堂建筑垂直向上的束柱、小尖塔等又高又尖的形式，而采用古穹窿顶和旋廊。在建筑轮廓上，文艺复兴建筑讲究整齐、平稳和统一。文艺复兴的建筑风格除了表现在宗教建筑上，还体现在大量的世俗建筑中。贵族的别墅、福利院、图书馆、广场建筑等，都反映出资本主义萌芽时期的社会面貌。著名的威尼斯圣马可广场为当时世界建筑史上最优秀的广场之一，它是集宗教、文化、行政、商业、旅游于一体的综合性广场。

佛罗伦萨主教堂的穹顶标志着意大利文艺复兴建筑史的开始，主教堂是13世纪末行会从贵族手中夺取了政权后，作为共和政体的纪念碑而建造的。八边形的歌坛，对边宽度是42.2米，预计要用穹顶覆盖。这在当时技术上十分困难，不仅跨度大，而且墙高超过了50米，连脚手架的模架都是很艰巨的工程。其设计师伯鲁乃列斯基出身于行会工匠，精通机械、铸工，是杰出的雕刻家和工艺家，在透视学和数学方面都有建树，是文艺复兴时期特有的多才多艺的巨人。为了突出穹顶，砌了12米高的一段鼓座，连同采光亭在内，总高107米，成为整个城市轮廓线的中心，即便在今天，这个高度也是一幢超高层的建筑，足以成为一个城市的标志性建筑物。在当时，这是建筑历史上的一次大幅度的进步，标志着文艺复兴时期创造者的英风豪气。佛罗伦萨主教堂的穹顶被认为是意大利文艺复兴建筑的第一个作品。

9. 巴洛克建筑

作为一种建筑风格，巴洛克源于17世纪的意大利，后来在音乐、绘画、建筑、雕塑和文学各方面影响到整个西方。初时此称谓含有贬义，意为虚伪、矫饰的风格；随着文艺复兴建筑的逐渐衰退，巴洛克建筑逐渐兴起。巴洛克式的建筑讲求视觉效果，为建筑设计手法的多样性开辟了新的领域。该建筑形象及风格追求新颖奇特，善用矫饰的造型来产生特殊的效果。富丽堂皇、鲜艳的内部与外部风格相统一，也与封建贵族追求标新立异、炫耀财富的心理相吻合。从建筑艺术上来看，巴洛克建筑以创新独特的风格极大地丰富了人类文化财富。

代表建筑：罗马耶稣会教堂，为第一座巴洛克建筑。罗马保拉广场，独具自由奔放的建筑风格，欧洲各国竞相仿效。其他还有法国的十四圣德朝圣教堂、西班牙圣地亚哥教堂。

10. 法国古典主义建筑

采用严谨的古代希腊、罗马形式的建筑，又称新古典主义建筑，18世纪下半叶到 19 世纪流行于欧美一些国家。主要体现在国会、法院、银行、交易所、博物馆、剧院等公共建筑和一些纪念性建筑。法国在当时是欧洲资产阶级革命的中心，也是古典主义建筑活动的中心。古典主义建筑强调外形的端庄和雄伟，内部装饰豪华奢侈。代表建筑：法国的万神庙、枫丹白露宫、卢浮宫、凡尔赛宫、凯旋门等，英国不列颠博物馆，美国的国会大厦。

法国绝对君权最重要的纪念碑是凡尔赛宫，它不仅是君主的宫殿，而且是国家的中心，是当时欧洲最大的王宫，位于巴黎西南凡尔赛城。凡尔赛宫原为法王的猎庄，1661 年路易十四进行扩建，到路易十五时期才完成，王宫包括宫殿、花园与放射形大道三部分。宫殿南北总长约 400 米，中央部分供国王与王后起居与工作，南翼为王子、亲王与王妃之用，北翼为王权办公处，并有教堂、剧院等。建筑风格属古典主义。立面为纵、横三段处理，上面点缀有许多装饰与雕像，内部装修极尽奢侈豪华之能事。居中的国王接待厅，即著名的镜廊，长 73 米，宽 10 米，上面的角形拱顶高 13 米，是富有创造性的大厅。厅内侧墙上镶有 17 面大镜子，与对面的法国式落地窗和从窗户引入的花园景色相映成辉。宫前大花园自 1667 年起由勒诺特设计建造，面积 6.7 平方千米，纵轴长 3 千米。园内道路、树木、水池、亭台、花圃、喷泉等均呈几何形，有它的主轴、次轴、对景等，并点缀有各色雕像，成为法国古典园林的杰出代表。三条放射形大道事实上只有一条是通巴黎的，但在观感上使凡尔赛宫有如是整个巴黎，甚至是整个法国的集中点。凡尔赛宫反映了当时法王意欲以此来象征法国的中央集权与绝对君权的意图。而它们的宏大气派在一段时期很为欧洲王公所羡慕并争相模仿。

（二）中国古代建筑景观

中国古代建筑景观，在世界建筑艺术中独具一格，自成体系，与西方建筑的形制和风格迥然不同，表现出鲜明的东方建筑特点。中国古代文化的发源地在黄河中下游一带，盛产的木材成为构筑房屋的主要材料，这样以木构柱梁为承重骨架，以其他材料作围护物的木构架建筑体系，就逐渐发展起来并成为中国建筑的主流，从而形成了中国古代建筑以木结构为主的基本特征。

中国古代的木结构建筑有一个显著特征，即"墙倒屋不塌"。这种框架结构使用榫卯技术，把梁、柱和其他木构件科学地组合成一体，具有极好的整体性和柔韧性，能承受地震、大风等强大水平外力的冲击。中国古代木结构主要有三种形式：叠梁式（又称抬梁式）、穿斗式和井干式。叠梁式的构造为屋基上立柱，柱上架梁，梁上放短柱，短柱上再置梁，各梁两端承檩，由此组成了层层向上的框架。这种形式应用很广，常见于官式建筑和北方民居。优点是屋内少柱或无柱，可获得较大空间。穿斗式又称立贴式，是以穿枋连接自前后向中间逐步升高的柱子，构成排架，其上直接承檩。这种形式用材少，山面抗风性好，施工便捷，在南方民居中使用较多。井干式结构使用圆木或方形材料，组合成矩形木框，层层相叠作为墙壁。这种构架多见于森林地区，实际上是木承重结构墙，我国云南等地仍有这类建筑。这种骨架式的构造使人们可以完全不受约束地筑墙和开窗。从热带的印支半岛到亚热带的东北三省，人们只需简单地调整一个墙壁和门窗间的比例就可以在各种不同的气候下使其房屋都舒适合用。正是由于这种高度的灵活性和适应性，使这种构造方法能够适用于任何华夏文明所及之处，使其居住者能有效地躲避风雨。在西方建筑中，除了英国伊丽莎白女王时代的露明木骨架建筑这一有限的例外，直到20世纪发明钢筋混凝土和钢框架结构之前，可能还没有与此相似的做法。中国古代建筑中有一种奇特的构件，这就是"斗拱"。斗拱是木构架建筑中的重要构件，由方形的斗、矩形的拱组成，位于柱顶、额枋、梁枋与屋顶之间。斗拱一是承重，二是起装饰作用，有外檐斗拱与内檐斗拱之分。使用斗拱的木结构，是"中国建筑真髓所在"（梁思成《清式营造则例》）。

中国古代建筑在平面布局上，多为均衡对称式，以纵轴线为主，横轴线为辅，形成整齐而又灵活多样的建筑形态。以木构架结构为主的中国建筑体系，在平面布局方面具有简明的组合规律。这就是以"间"为单位建筑，再以单座建筑组成庭院，进而以庭院为单元，组成各种形式的建筑群体。单座建筑一般均含有数间，通常为奇数，最多的可达十一间。庭院的布局形式以四合院最为典型。四合院是一个封闭性较强的建筑空间，适合中国古代的宗法和礼教制度，使用中可灵活多变，适应性很强。因此，宫殿、衙署、祠庙、寺观、住宅等建筑普遍采用此种平面布局。

中国古代建筑最引人注目的外形是外檐伸出的曲面屋顶。常见的形式有庑殿、歇山、重檐、卷棚、硬山、悬山、攒尖、盝顶、单坡、平坡等（如图3-2所示）。各种屋顶具有出檐深远、翼角飞翘、轻巧活泼的动人形象。中国古代建筑十分重视色彩，建筑师根据不同需要和风俗习惯而选择，同时重视雕塑与装饰，突出建筑的富丽堂皇和艺术品位。早在公元前 1000 多年前的殷周时期，就已经开始在建筑物内外涂色绘画了，秦汉时期得到了很大的发展，唐宋时期已形成一定的制度和规格，宋《营造法式》上有很详细的规定，明清时期更加程式化并作为建筑等级划分的一种标志。建筑彩画有实用和美化两方面的作用。

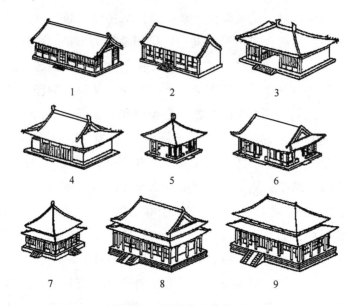

图 3-2　屋顶的五种类型

1—悬山；2—硬山；3—庑殿；4，6—歇山；5—攒尖；7，8，9—分别为 5 和 4 及 3 的重檐式

　　中国建筑是世界上唯一以木结构为主的建筑体系。基于深厚的文化传统，中国建筑艺术的主要特点是：

　　（1）以宫殿和都城规划的成就最高，凸现出皇权至上思想和严格的等级观念。

　　（2）注重群体组合的美，或取中轴对称院落式布局，或为自由式，以前者为主。

　　（3）注重与自然的高度和谐统一，尊重自然，使建筑融入自然之中。

　　（4）追求中和、平易、含蓄而深沉的美。体现出中国传统的伦理观、审美观、价值观和自然观。

　　在漫长的发展过程中，中国建筑始终完整保留了体系的基本特点。从中式建筑全部历史可以分出几个大的段落，如商周到秦汉是萌芽与成长阶段，秦和西汉是发展的第一次高潮；历魏晋经隋唐而宋是成熟与高峰阶段，唐宋的成就更为辉煌，是第二次高潮，可以认为是中国建筑的高峰；元至明清是充实与总结阶段，明至清以前是发展的第三次高潮。可以看出，每一次高潮的出现，都相应地伴有国家的统一、长期的安定和文化的急剧交流等社会背景。例如，秦汉的统一加速了中原文化和楚、越文化的交流，隋唐的统一增强了中国与亚洲其他国家，以及中国内部南北文化的交流，明清的统一又加强了中国各民族之间并开始了中西建筑文化的交流。与其他艺术例如诗歌常于乱世而更见其盛的情况不同，可以认为，统一安定、经济繁荣、国力强大和文化交流，正是建筑艺术得以发展的内在契机。

中国传统建筑以汉族建筑为主流，主要包括城市、宫殿、坛庙、陵墓、寺观、佛塔、石窟、园林、衙署、民间公共建筑、景观楼阁、王府、民居、长城、桥梁大致十五种类型，以及如牌坊、碑碣、华表等建筑小品。它们除了有前述基本共通的发展历程以外，又有时代、地域和类型风格的不同。由此可见，建筑艺术的本质不仅是显现出某种美的形式，它的精神文化的意义也更强烈、更深刻。可以说重在"悦目"的美观之美只是一种浅层的愉悦，而重在"赏心"的艺术之美，更是一种意境的追求。所以罗丹才说："整个法国就包含在我们的大教堂中，如同整个的希腊包含在一个帕提农神庙中一样。"西方当代艺术史家简森也说："当我们想起过去伟大的文明时，我们有一种习惯就是用看得见、有纪念性的建筑作为每个文明独特的象征。"雨果定义建筑是人类思想的纪念碑："人民的思想就像宗教的一切法则一样，也有它们自己的纪念碑。人类没有任何一种重要的思想，不被建筑艺术写在石头上。"他还说建筑是"石头的史书"。如果我们把"思想"二字改成为既包含精神文明又包含物质文明的"文化"，即"建筑是人类文化的纪念碑"，或许会表述得更加完整。以博大精深的中国文化为依托，中国建筑取得过独特的伟大成就，深刻体现了中国的文化。中国各少数民族的建筑也独具异彩，大大丰富了中国建筑体系的整体风貌。

中国历史上两个曾经进行过重大建筑活动的时代，留下了两部重要的"中国建筑文法书"：（1）《营造法式》，是宋徽宗（1101～1125年）在位时朝廷中主管营造事务的将作监李诫编撰的。全书共三十四卷，其中十三卷是关于基础、城寨、石作及雕饰，以及大木作（即木构架、柱、梁、枋、额、斗拱、椽等）、小木作（即门、窗、桶扇、屏风、佛龛等）、砖瓦作（即砖瓦及瓦饰的官式等级及其用法）和彩画作（即彩画的官式等级和图样）的；其余各卷是各类术语的释义及估算各种工、料的数据。全书最后四卷是各类木作、石作和彩画的图样。(2)《工程做法则例》，是 1734 年（清雍正十二年）由工部刊行的。前二十七卷是二十七种不同建筑如大殿、城楼、住宅、仓库、凉亭等的筑造规则。每种建筑物的每个构件都有规定的尺寸。这一点与《营造法式》不同，后者只有供设计和计算时用的一般规则和比例；其中十三卷是各式斗拱的尺寸和安装法，还有七卷阐述了门、窗、隔扇、屏风以及砖作、石作和土作的做法，最后二十四卷是用料和用工的估算。

中国建筑艺术曾对日本、朝鲜、越南和蒙古等国发生过重大影响。

第四章 城市公共空间艺术的实践

第一节 归属感的城市公共空间艺术

归属感指的是定居于某一区域的群体，对该区域的文化、自然、习俗等因素所产生的认同感。目前，我国城市公共空间的结构设计千篇一律，缺乏地域性特色，更体现不出人文特质，这些问题都对人们的"归属感"产生很大影响。

一、分类的基础特质——差异性

城市公共空间对于物质和社会形态的反映，是在特定的背景下经过历史凝练形成的特殊"气质"。这种"气质"具有自身的地域特色，与其他区域的公共空间存在明显的差异性，引导人们的特殊认知能力。

文化的差异是人与土地之间相互作用的结果，人在改变环境时，形成了与地域相吻合的生活方式，随着时间和历史的发展，形成了独具差异性的文化形态特征。差异性和地域性是不同的。地域性以文化特色为基础，与其他空间的独特性进行区分；差异性主要是在视觉、结构、认知、方位和文化等因素上寻找地域性的独特感官。

城市公共空间的唯一性和不可替代性特点是城市公共空间直观体现的视觉元素，也是民族、地域的标志性文化符号，是在世界众多的城市公共空间中，能够确立城市方向，寻找到属于自身定位的具有识别性的场所，因此，让人们产生认同感与归属感。这种具有差异性的"气质"空间环境，就形成了城市公共空间的归属感特性。

但是当前国际化大都市的建设热潮严重影响了城市的规划发展，造成城市公共空间的建设无论是文化还是设计，都杂乱无章，找不到未来的发展方向。著名的美籍建筑师埃罗·沙里宁曾经说过，文化内涵决定着城市公共空间设计是否具有归属感，仅仅从空间形式上就可映射出群体的精神需求，缺少归属感的城市空间就不能形成独具特色的文化内涵。

具有差异性"气质"，才能形成归属感的空间分类基础。在城市公共空间中，其结构元素和视觉元素都是互相联系而存在的，具有当地特色的景观、植物、历史遗存，这些都与不断变化的空间协调发展，最终形成归属感的存在基础。比如：

澳大利亚悉尼的唐人街就特别具有空间的可识别性。唐人街的主要特征就是中国元素的融入，使其街道空间及公共设施都具有浓郁的中国味，最著名的就是墙面和地面的"祥云"图案，是极具中国风格的可识别性的城市公共空间的特色（如图 4-1 所示）。

图 4-1　澳大利亚悉尼唐人街的可识别性

结合城市的文化内涵与发展规律特征，从城市的地域环境、人文特色、精神文化等方面进行独特元素的提炼，与城市公共空间中的视觉、结构、组织固有的元素相结合，呈现出具有归属感和人文气息的城市公共空间。

二、人的归属需求

城市公共空间是人们的生存场所，在这里人们通过各种活动互相熟识，拉近彼此的距离，从而创造出凝聚力。城市公共空间与归属感之间是物质与意识的关系。城市公共空间的存在是归属感的基础和依托。城市空间在建设的过程中，不仅要重视新环境的建造，还要重视新关系的创造，人与人、人与社会、人与自然这些关系都需要进行平衡和协调，以满足人的生理和精神的双重需求，美国著名心理学家马斯洛提出"需要层次理论"（如图4-2所示）说，人类需求是有等级性区分的，最基础的是生理需求、安全需求，高等级的就是"归属需求"。

图4-2 马斯洛的需要层次论

个体的"人"要在群体中建立自己的人际关系网络，就需要与周边的人群在感情或者工作中建立某种关系。例如，邻里之间、同事之间、同学之间等，甚至行人之间。只要存在关系，就会有存在感，这就是"归属需求"的直观体现。归属感对于社会中的人来说是非常重要的心理需求，缺乏归属感，就会缺失幸福感。

尽管在物质层面，建筑空间已经满足了人们的需求，但是，很多城市公共空间的建设缺失，产生了很多负面的影响。造成了城市发展与公共空间的发展不相协调。城市商业开发过度对空间关系进行了破坏，中心广场交通拥堵成为孤立空间；城市公共空间与人们生活脱离了关系；高楼林立让人们的生活缺少了阳光。这种淡漠的人文关怀严重影响了城市的规划以及布局，造成人们对生存空间的冷漠，那么，归属感又何在了？

在城市化的发展进程，要特别重视空间构造和精神文化内涵的融合，重视城市空间建设的精神归属感。

三、归属感在城市公共空间中的作用

归属感属于城市公共空间的独有特质，是促进城市凝聚力，提高城市科

学并促进其发展的基础条件，是促进人与人、人与空间交流的基础。城市公共空间建设的理论与实践都要从人文关怀出发，让人产生归属感。

我们不能控制人与人之间的关系，但是我们可以设计出有助于培养感情的场所，帮助人们进行交流，增强地域的可识别性，提高城市公共空间给予人们的归属感。当城市中的人们主动的进行交流，那么，归属感也会增强。

城市公共空间作为多层次的社会空间形态系统，它要与社会结构层次、人们的生活、心理与归属等因素相互融合，强调不同层次空间之间的联系。美国著名的环境规划领域的专家约翰·奥姆斯比·西蒙兹指出，公共交往空间归属感产生的四个重要因素分别是广场、道路、公私领域的渗透、景观环境。所以，关于城市公共空间的景观设计方面，可将形态与空间的设计进行"人性化"布局，促进它们之间的联系；同时，还要融入景观设计的地域性文化、风俗，这样的设计才能符合使用群体的心理需求。

城市道路是人们日常生活中使用最多的公共化的空间，它的空间形态相比较广场空间来说比较单一，但是空间内容丰富，使用频率也非常高，这一点与广场的特质有相似之处。道路步行空间具有连续的序列特征，设计时要重视实用性方面的特性，加强散步与交通这两个空间之间的连续。可以通过交通空间的流线型设计进行道路疏通，运用绿化带或绿化块缓解人、车之间的出行矛盾。公共设施的便利，能促进人们出行活动的多样性，增强城市公共空间的联系性。

城市公共空间的归属感可以把重点放在公共活动场地和道路两方面的建设上。交通空间系统的完整性会将各个公共空间联系起来，形成一个紧密的活动空间网络，增加人们之间的活动联系，同时增强空间场景的可识别性，营造出高品质的生活，增强人们在城市公共空间的归属感。

随着城镇化的不断发展，城市公共空间在城市活力的提高、人民生活质量的改善方面都有着重要的影响，各地都开始重视城市公共空间的建设问题。一个民族要强大有自信，那么，在文化的建设上也要独立创新，抵制趋同，我们要秉着这样的历史责任，来建设具有归属感的城市公共空间。

第二节　体验性的城市公共空间艺术

体验性是人与环境之间关系的最直观的感受反应，在这个认知的过程中，主要是五官对接触到的环境要素和空间进行感官反应，将这种体验信息进行整体集合，最终形成人们对环境进行判断的标准和依据。

一、分类的基础特质——情节性

体验性在城市公共空间的建设中体现出情节性的基本特征，它将人们的片段性感受进行主观式的串联，形成以情节过程为主的完整性事件。空间是身体和想象的基础，使环境空间的建设具有了多种可能。其实这些都与体验者自身的文化、信仰有关系，都是身体对环境的感知有影响，在一定的标准衡量下，城市形象具备人文化的特殊，当与背景产生相同的体验时，就产生了对环境的社会认同。

人性化的城市公共空间已经具备了区域性的特色以及人文体验，空间中存在的情节性会通过人的参与度引发共鸣，从而产生轻松投入的感觉，甚至会流连忘返，慢慢回味。这种引发共鸣的城市空间建设存在着感性的力量，触碰体验者的内心，享受空间体验的美妙。

人们能与空间产生情感或者记忆，通常是因为与在这里发生的事件有联系，在大脑形成记忆簇而产生情感共鸣。城市公共空间的情节性就是挖掘"故事"，产生情节体验、引发人们的共鸣，最终形成城市公共空间的记忆，在空间参与度中提升对空间产生的情感附加值，从而形成具有人情味的体验式城市公共空间。

城市公共空间的体验与空间故事性密切相关，这与当地的地理环境历史和文化的发展有很大关系。通过阅读空间情节，可以进行空间经验的感知，从而可以更好地感知这份独特性。这样建设思维才能形成完整的城市公共空间。体验是独特且不可替代的，高质量的体验让人难以忘怀。

二、空间主体的情感传达

城市公共空间的建设不能脱离人们的情感来进行，建设"以人为本"具有人情味的空间，就必须打破传统的生活习惯，把空间和人的行为进行全面统一处理，唤起人们在空间中的场所认同，增强人们的主动参与性，建构具有活跃感染力以及场所情感认同的城市公共空间。

城市公共空间的体验性必须要以空间的情节性特质为基础，通过人与空间的感情共鸣来产生体验的过程。城市区域环境的关联蕴含了这座城市的文化和历史的积淀，它们通过体验性的方式将这些文化记忆传递给人们。城市公共空间的体验性主要源自日常生活、人情往来互动，通过文学表达方式进行传达，借助生活色彩进行空间艺术的装扮。体验性的城市公共空间沟通着人们的物质空间构造和精神空间的感知，通过空间意象的表达进行情感之间的交流。

城市公共空间的情节性建构模式是人们对空间识别之后进行的体验后的认知反馈。情节性在城市公共空间建设中是人的情感感知的体验。城市公共空间体验性活动主要以人为中心，在景观中进行运动，以此构成的情景来进行的。

第一，身体的不断运动形成了体验片段，形成了景观的体验世界。

第二，景观体验这个过程就像是在阅读文学作品，体验者处在景观情境当中，按照设计师的景物规划，通过每个景观主题的欣赏，寻找对自身有感悟的情感触碰点。

第三，体验过程存在重叠性，体验者在情感的无意识中，不断修正对景观的印象。体验的结果注重的是对景观整体的一个情感认知（如图4-3所示）。

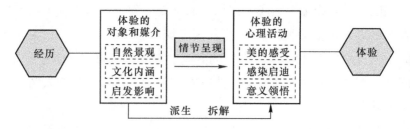

图4-3　经历与体验关系

在城市公共空间的设计过程中，经常会夸大空间尺度以及功能，在视觉体验方面过分强调，从而忽视了人在这个空间中的实际交流等。这是以急进心态进行的空间设计，是带有盲目性的，忽略了"人"的空间主体性。

其实，人们需要的不是视觉的炫目，而是能够容纳过去的情感寄托空间。城市公共空间在未来的发展中应越来越注重审美与人文情感的结合。

三、具有体验性的城市公共空间案例分析

迪士尼乐园是我们熟知的游乐场所，它就是体验性空间的最佳代表。迪士尼乐园将经典动画进行场景再现、重塑，运用科技的表现方式，营造出现实版的童话世界，它勾起了人们的童年回忆，引起情感的共鸣，想起当年的

故事，这就是人们从喜爱到流连忘返的原因。

每一个空间都独具特色，都是历史的发展、人类活动的印记，这是一个时代、一个区域的人们的共同经历。有故事的城市公共空间才具有体验性的价值，这也是区别其他公共空间的主要特征，更利于给人们留下深刻的记忆。将情节化城市公共空间建设与普通的城市公共空间建设加以区分，这是对城市公共空间进行分类的基础。

在罗斯福纪念园中，劳伦斯·哈普林用四个空间讲述了总统一生的故事（如图4-4所示）。他认为纪念性是包含有意义的空间体验的结果，这种"为体验而设计"的构思最终以四个主要空间及其过渡空间来表达。设计师塑造的空间形象和空间氛围摆脱了传统纪念空间的崇高和严肃，用一种质朴而宁静的空间讲述了总统精彩的一生。这不仅与总统的人物性格和行事作风相契合，生动地再现了故事主角的形象；而且使参观者在阅读这个故事的时候，通过对花岗岩墙体的触摸、对不同人物雕塑的猜测、对喷泉跌水的发现，能主动地进行思考和探求，在不知不觉中完成对故事的体验性阅读。

图4-4 罗斯福总统纪念园

第三节 参与性的城市公共空间艺术

参与性代表互相配合、互相影响。诺伯格·舒尔茨曾说过，"空间与行为相结合便构成了场所，场所是有明确特征的空间"。当城市公共空间与人们的行为活动有了结合，就意味着这一场所是通过引发人们特定的、符合活动心理场所而产生的空间。

一、分类的基础特质——交互性

具有参与性的城市公共空间是人与空间之间的交互，是具有主体自发性的探索和向往。这种交互既建立在感官认知的基础上，也建立在人与土地、人与植物、人与动物和人与人之间的关系上。

人的行为活动在城市公共空间中发生，反过来讲，城市公共空间是这些行为活动的载体。人的行为活动本身与城市公共空间二者存在互补关系。人的需求满足所进行的活动和各种体验增强并且丰富了城市公共空间，使其进入良性循环，充满生机活力。具有人文关怀空间特质的城市公共空间，在为人的行为活动提供便利的同时，也将塑造人的良好行为风尚。

KikuchiP. cketPark 是街边小广场（如图 4-5 所示），有 3 个凹陷水池，像是自然形成的水洼，均由白色石头铺成。周边的公厕和座椅均设计成石块状。这种安静又闲适的小空间给人们提供了良好交互条件，使得人们参与其中，享受由城市公共空间带来的美好。

图 4-5　KikuchiP. cketPark

不同的空间特质会直接或间接影响人们的行为需求及意愿，城市公共空间中不同的人产生的行为特征各不相同，与空间的互动也纷杂多变。而正是这种交互性的空间特质使得城市公共空间更具参与性。

二、日常活动的必需品

城市公共空间作为人们日常社会生活与人际交往的重要参与场所，在提升空间品质上日益显现出重要的意义和价值。随着国内经济实力的增长和科学技术水平、施工工艺的高速提升，我国城市公共空间在膨胀式发展。但是相比 30 年前的那种弄堂、筒子楼、家属大院，现在的城市公共空间中的参与性却在不可思议的急速下滑，本应逐步提高的空间使用频率和范围却呈现出了逐步弱化的趋势。越来越多的建筑师、景观设计师们正为提高公共空间的参与性而绞尽脑汁，研究各学科各领域的种类繁多的理论和指导方法，努力重塑城市公共空间中的亲密交往和活力。

人文关怀下的城市公共空间就是强调在城市和人们日常活动交往的公共领域、公共空间和共同使用的设施中，倡导以人为本的理念。在传统公共空间中，街道、广场均为人的活动而形成。街道所具有的尺度，沿着街道和广场的功能分布以及人的知觉和运行模式来进行协调，为行人自然的往来提供了最佳的条件，使人与城市公共空间产生了互动性，从而塑造具有参与性的城市公共空间。

沟通和交流是社会群体的本能，即使没有语言上的沟通，通过观看也可以与他人产生互动，然而深层次的体验式环境可以为人们带来自由选择的机会，通过多样的活动表现，使人们能够互相了解。

人们在环境空间中的活动，大部分处于自发的状态，根据自己的需要，三五成群地进行着各种活动。当参与的人数越来越多，活动的形式趋于统一，或活动的目标趋于稳定时，活动就衍生为模式，即人们为了相同的目的和体验而进行相似或相同的行为。参与集体性游戏的人群常分为活动者和观看者两个部分，休闲场地就利用地形的变化在外围空间为观看者设计平台，将活动人群与观看人群分开，使不同心理的人群通过多种形式参与到城市公共空间中。

行为场景理论表明，环境所具备的某些物质特征往往支持着某些固定的行为模式，尽管使用者在不断地变更，但固定的行为仍然会不断地重复，这样的环境就是场所。参与者与场所之间类似化学反应一般的关系，为参与行为的诱发创造了机会。只要环境元素具备这样的特征，参与行为就会发生。比如林间空地总会有打拳、聊天等行为活动，滨水空间总会有亲水的人群。只要场所特征在环境背景的反衬中足够鲜明，参与的内容就会被人们所感知。

三、参与性在城市公共空间中的体现

环境活动是体验者与环境的接触方式，是体验得以展开和延伸的必经过程。在身体运动和内心活动的作用下，个体的感官和需求充分与环境碰撞，并获得满足和释放。广场舞、健身操、太极表演等均是参与性城市公共空间的生动体现。

城市中典型的集体性游戏是亲水的场所。亲水活动带来的乐趣使城市中的水体景观总是受到人们的热烈欢迎，人与水的互动是水体景观魅力的核心。

城市公共空间的设计对人的行为活动有着较大的影响，而空间的参与性则是人与空间互动的直接体现。人的行为活动受到城市公共空间的影响，同时，人的行为活动也发挥着主观能动作用，促进对城市公共空间进行认识—改造—再认识。城市公共空间通过人的行为活动所反馈的信息对空间自身进行新的设计改造，并由此循环往复地对人的行为活动持续产生影响。在经过如此循环之后，城市公共空间的质量得到提升，作为空间主体的人的需求也得到了满足，城市公共空间的参与性也由此得以体现。

第四节　休闲性的城市公共空间艺术

在中国传统文化的意义中，休闲主要是突出人与自然之间的和谐，体现劳作过程与休憩过程之间的关系。在城市的空间环境的规划中，休闲性突出的是环境对人的影响。

一、分类的基础特质——被动式休闲

城市空间的被动式休闲特质主要是引导的形式对人们的行为产生影响，让人们被动参与空间活动，这是休闲型城市公共空间主要特征。

人们思想的感知和行为的动机都和自身的意识有很大的关系。从环境心理学方面进行研究发现，人们大脑中的感知意识并不是全部意识，而是其中的小部分，潜意识中的无意识才是感知的主要动因。这是人对空间环境的被动性的需求。在城市公共空间这个环境中，主要有必要性、自发性和社会性这三种行为活动。其中，在相对优质的城市公共空间环境下，只要满足人们的需求条件，自发性的活动特质就会出现。城市空间具有被动性的空间特质

时，就会促进自发性活动的出现频率。

通常，人们在对大空间的整体感知时，首先会对自己当前所处环境进行一个全方位的认知和定位，通过眼睛、耳朵、鼻子、手等肢体进行空间感知，与此同时，自身行为也会不断地发生改变。被动性的空间特质就是在这种情况下被动产生的，它的重点就是城市公共空间的反作用行为。

城市公共空间的人文关怀重点研究的就是空间对人的影响，及反作用之后所引起的行为变化，通过不同行为对空间发生作用，由此探寻出人的实际空间需求，由此对空间自发性活动的引导因素加以运用，提升空间对人的被动性引导过程。

休闲性城市公共空间的建设主要分两部分，即休闲活动主体和休闲设施条件。被动式休闲所起的作用就是人们进行活动，受外界环境的影响加深自身活动的广度和深度，强调的是环境在人们的工作、学习和生活中，给人们带来的愉悦享受，从而缓解人们的精神，减轻身体疲劳。环境对人们的自发性活动的激发，是被动式休闲空间建设的主要动力。

二、人在空间中的主体作用

在对休闲性城市公共空间在艺术形象方面进行营造时，不仅要注意具象物质实体的设计和建设，与此同时，还要注意内心情感的表达，休闲性城市空间的设计是物质与精神相结合的作品，是人们体验的媒介，让他们感受空间的美好，从而激发出美的享受感知。应以"人"为出发点，去创造空间的精神力量。

生活时间差不同，人们在休闲性城市公共空间中的行为和内容也是不同的。我们以广场为例进行分析，锻炼集中在早晨时间，聊天、聚会集中在上午或下午时间，舞蹈、散步则集中在晚饭后。所以，休闲性城市公共空间的建设要以人的行为活动需求为空间建设的导向，突出空间被动性引导的特征。

人作为休闲性城市公共空间的主要体验者，要充分尊重他们的感受和对体验空间的被动性感知。因此，在对城市公共空间内容进行丰富的同时，还要对空间环境怎样去吸引人们进行充分考虑，人性化构建是休闲性城市公共空间建设的关键。日本当代著名的建筑师芦原义信在他的著作《街道的美学》中提出，在城市的建设中要有绿化的部分，这是自然生态的要求，从视觉效果上进行分析，绿化适合休息，给人带来安静和舒适；从色彩效果上分析，天空的蓝和树木的绿都能起到镇静的作用，让人享受内心的宁静，身心得到放松。

　　美国著名的波特兰购物中心就是代表性的人文公共空间的建筑，它是一条长1.7英里的景观购物大街（如图4-6所示），贯穿于整个城市中，融合多种交通出行方式，拉近了人与人之间的关系和互动，形成了波特兰市的特色风景区。它的功能非常齐全，等候凉亭、交通指示牌、休息的座椅、夜间照明工具等依次设置在人行道路边，同时，交通工具也不断设计，增加了轻轨和快速公交路线，在保持原来绿化设施不变的情况下对十字路口和人行道进行了重新修建，方便人们的使用。

图 4-6　波特兰购物中心

　　交通空间与公共空间的建设进行了融合性整合，方便人们的出行、等候、消费等。街道十字路口的合理化设计，保证了交通的连续性。新设施都采用不锈钢材质，交通车站都配有图形和文字指示。这些都是极具人性化的交通设施，将被动式休闲城市建设的作用发挥到了极致。

三、休闲性在城市公共空间中的作用

　　城市公共空间经过整合布置成为具有休闲性的场所，满足不同群体的被动休闲、娱乐的需求，在使用者进行有目的的运动同时，被动感受到空间给予的精神熏陶，加强了人们的情感认知。随着经济社会的不断发展，城市化的发展水平也不断提高，人们的生活质量要求也在不断增强。休闲性的城市公共空间建设成为了发展的主流趋势（见表4-1）。

表4-1　休闲性空间的内在目的

代表观点	休闲性空间的内在目的		
韩国观光公社	身心的休息和恢复 活动的快乐 积极的创造 解脱 符合社会伦理的美好的追求	自我实现 自发的选择和参与 有益的旅行体验 生产性活动	
马克斯·卡布朗	与工作不同的经济功能 愉快的期待和回忆	心理上的自由 人类生活的文化价值	
哈维格斯特	趣味性 从义务和职责中解脱出来 跟朋友接触和交往	获得新体验 消磨时间 创造幸福	
旭太阳、车习宾	表现自我 身心的休息 活动带来的快乐 自由的创造	解脱感 自我表现 反复的空间活动 促进劳动	可自发的选择 促进社会伦理 非理性

从城市公共空间的历史发展角度来看，工业化时代，人们的生活重心在生产方面，自然不重视休闲空间的构建。随着工业化城市的不断发展，人们在保证生活质量的同时，休闲观念不断提升，主要体现在城市公共空间的分布上，已经有了很大的改观，休闲空间的扩建就是最好的证明。休闲性城市公共空间是城市的精神文明建设，是城市发展的"软实力"，其对城市的"硬实力"发展有着极大地促进作用，反映的是城市的精神面貌，体现的是城市的活力。

第五节　综合类的城市公共空间艺术

上文中虽然将城市公共空间分为归属感、体验性、参与性和休闲性四种类型，但现实中的城市公共空间更多地表现为综合性（如图4-7所示）。本书中的综合性城市公共空间指的是具有两种或者空间类型比较注重人文关怀，这样的空间一般既具有明显的差异性特征，又充满故事性与空间内涵，同时还可满足人们交流互动以及放松休闲的需求，给人以满满的归属感和丰富的情感体验，能够满足不同年龄人群在生理和心理上的不同需求（如图4-8所示）。

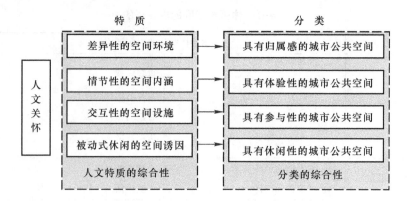

图4-7　人文关怀视野下的特质与分类

图4-8　兼具四种空间特质的空间分类

同时具有三种空间特质存在以下四种可能性：一是具有差异性、情节性、两种以上公共空间特质的城市空间。包括同时具有归属感、体验性、参与性和休闲性四种类型特质的空间，也包括同时具有其中三种或者两种类型特质的不同组合的综合性公共空间。差异性一般体现在空间环境，情节性为空间赋予内涵，交互性更多体现在空间设施，而被动式休闲往往是一种空间诱因。其不同层面上的空间属性使得公共空间的综合性表现更加复杂多样。四种空间特质全都具备的城市公共交互性三种特质的公共空间更加的活跃丰富，场所特色明显、情节体验多样，更容易吸引年轻有活力的群体。二是具有差异性、休闲性、交互性三种特质的公共空间。给人亲切的归属感，环境相对舒适放松，比较适于喜静老人和好动儿童的组合群体。三是具有休闲性、情节性、交互性三种特质的公共空间。动静相宜、容易触发情感体验，留下难忘记忆，是情侣群体的最爱。四是具有差异性、情节性、休闲性三种特质的公共空间。比较恬静悠然，这种既充满故事情节又赋予场所特色的公共空间往往吸引文艺气质的人群（如图 4-9 所示）。

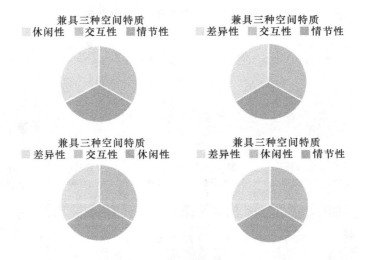

图 4-9　兼具三种空间特质的空间分类

在以下六种可能性：一是兼具差异性和情节性的公共空间。情景交融、体验过程丰富而独具特色，能给游者以深刻而独特的空间体验记忆。二是兼具差异性和交互性的公共空间。富有活力和生活气息，场所具有较明显的特征和吸引力，容易吸引富有活力的青少年儿童人群。三是兼具差异性和休闲性的公共空间。给人较强的场所归属感以及更加惬意、安静的空间感受，这种慢节奏的空间形式更适于长久居于此地或者具有地域情节的中老年休闲人群。四是兼具交互性和情节性的公共空间。使游者通过参与互动、体验和联想留下兼具两种特质的城市公共空间，同样能够体现公共空间的综合性。在四种空间特质中同时具有两种特质且深刻而有意味的记忆，增添空间体验性趣味的同时从而更能让人记忆深刻、流连忘返。五是兼具情节性和休闲性的公共空间。静静地叙述着故事，需要游者用心去体悟，用眼睛去感受，用思想去交流，或静观或冥想，轻松惬意地在其间放松自我。六是兼具交互性和休闲性的公共空间。它是一种动静结合的空间场景，参与互动的活跃分子也许是观望休闲者的景色，观望者的存在又激发着参与者的热情，两者互为景色、互相感染又能够各自愉悦、各自满足（如图 4-10 所示）。也更能够丰富大众的精神文化生活以及满足其生理和心理上的不同需求，达到体现人文关怀的社会价值和生活意义的目的。设计者通过对城市公共空间优化改造，从"人性化"的角度出发，以综合性公共空间丰富的内涵满足大众归属感、体验性、参与性和休闲性需求，并形成不同空间特质共生交融的场所空间，人们在此和谐相伴，感受自然之美、城市之美、文化之美。

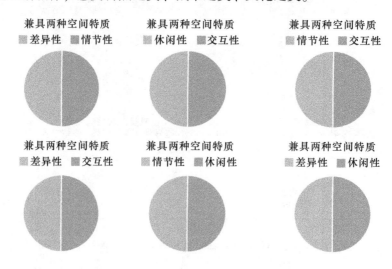

图 4-10　兼具两种空间特质的空间分类

总之，生活中的城市公共空间大部分表现为综合性，具有综合性特质的城市公共空间可更加实际地满足人的社会生活属性，更能符合不同年龄、不同喜好、不同职业和文化程度人群的需求，人与自然、人与社会和谐共生，传统与地域文化得到传承与活用，有形无形地、有声无声地灵动着这座城市，也孕育着社会的进步。

第五章　城市公共空间艺术的发展

第一节　培养公共空间艺术参与意识

当今社会是一个艺术发展的时代，生活中到处都有艺术渲染的痕迹，从社会的大环境到个人生活的小细节都具有艺术的色彩。在公共艺术中，公共性指的是人对公共艺术的参与，我们要对公众与艺术家之间的关系进行合理化的调整。公众和艺术家之间要进行良性的交流和沟通。艺术家通过自己的作品去感染欣赏，设计师通过作品的设计为人们提供便捷的生活，与此同时，还能为人们提供艺术的熏陶。艺术作品是人们之间相互沟通的基础和桥梁，这个过程存在三种不同层次的人群，分别是：

第一层次人群是低层次的接受者，他们与艺术没有交叉感知，但是潜意识有自己的理解。

第二层次人群是较高层次的接受者，他们感知力敏锐。当面对艺术作品时，他们能从内心进行感知和理解，但是不能进行艺术创造，这种人是我们生活中的大部分人。

第三层次的人群是创造者，他们对艺术有超强的感知力，同时对美也有自己的原则把握。他们能感悟艺术，还能用心创造艺术，前者与后者之间是基础和引导的相互作用，这就是艺术家和设计师所具备的潜层任务。在现代社会中，他们背负的任务巨大，因为在艺术无处不在的现代生活中，人们对艺术的关注度越来越高。

一、公众参与公共艺术规划的有效途径

公共艺术要体现大众的感知意志，不是小部分人的专属，公共艺术不仅是少数艺术家和设计者的创作成果，同时还是使用者的意识需求成果。在文化消费时期，公众要介入和参与公共艺术，不要被动地去接受现成的艺术形式，艺术的创作者不再局限于专业艺术家，任何人都可以进行艺术的创作。

甚至，许多艺术家有意识地将民众体现在艺术的创作中。现在艺术创作已经打破了局限，不再属于特定的人群。

公众对于公共艺术的规划和编制的参与，目的是对公众对规划的艺术接受程度进行沟通，通过这种形式参与设计，可以促进实施的顺利进行。根据公共艺术规划的可接受程度，规划管理者将问题进行两个层次的提问：

第一，公众的接受程度是否对公共艺术规划的有效执行产生重要的影响。

第二，规划管理者的单方面的决策制定能代表民意吗。

对上述问题的否定回答都会影响公众参与的需要程度。

通常，如果从决策问题的质量要求出发，需要群体的低参度；如果从问题的可接受性考虑，则要求群体的高参与度。根据实际情况进行调查发现，城市公共艺术建设的进行是一个公民高参与度的项目，上海就是典型城市空间建设的案例。

公众参与是以效决策模型为基础进行的，主要有三种形式：公共决策途径、整体式协商途径、分散式协商途径。

（一）公共决策途径

这种途径的参与首先需要了解公民对当前决策目标的态度，之后在进行参与方法的讨论。如果是公民存在异议情况，那么，公共艺术规划就提高公众参与度，因为结果对政策质量的影响不大，所以，管理者可采用公共决策的形式，与公民共同对某一问题进行沟通式决定。公共决策方法是一个平等互动的过程，并不是给予公众高决策权的过程，而仅仅是参与的安排程序，设计者在整体的规划中是具有权威性解释权的，同时，还要在公众参与决策方案的安排设计中发挥主要作用。

（二）整体式协商途径

当具有权威性的部分公民不同意某项规划建设的目标，但是这些目标的实现又必须获得公众认可时，怎样设计参与形式，就成了管理者需要解决的重要矛盾。从实质上来说，这类矛盾性问题，最终的解决方案不能让所有人满意，分歧是注定存在的。通过实践研究证明，解决这个性质的问题，比较合理的方法是在进行公共艺术规划决策之前，就有意识地让公民参与协商、讨论。

这种方法的独特之处是政府部门与公众不是一起作出决策。这样，既能在决策中体现决策部门的权威性以及偏好，同时也能体现公众某些程度上的价值偏好。

（三）分散式协商途径

公共艺术实施者在设计规划的过程中，最困难的决策部分往往需要公民的支持，而公民与政府的目标存在分歧，与此同时，公众内部也存在反对意见。这种情况就需要对公民影响力进行限制，并尽最大的努力去调节意见不同的公民群体。此时，对公民参与的限制是为了保证项目实施的政策质量以及问题的结构性质完整。解决这一类问题要避免与公民直接接触，将他们分成不同的组织群体，分别进行沟通和协商。

除此之外，在城市公共空间的建设实践中，还要克服一些障碍和制约因素，比如，时限性要求，这是政府管理者不允许参与的主要理由。事实上，这并不能成为拒绝公众参与的主要理由。因为没有任何证据证明公众参与就会影响决策的制定。

公共意识是艺术家的创作源泉。原因是艺术家存在于社会生活中，不可避免地要与社会发生各种各样的关系，这样就会延伸情感的出现，从而影响公共意识源的产生。

二、苏醒中的公共意识

艺术融入人们的生活是必然发展趋势。1884 年罗丹的作品"加来市民"问世，就标志着传统的艺术形式要接近生活，不要高高在上，脱离实际。早期的公共空间中的艺术作品尽管也没有完全与生活脱离，但是，它与人们的生活也有一定的距离，大部分作品都是融合权力、纪念等元素，且都是大尺度的宏伟创作，这就是艺术作品脱离实践的原因。

1884 年，伟大的艺术家奥古斯特·罗丹（Auguste Rodin）应法国北部海港城市加来的约请，制作一件追悼加来忠魂的古老而悲伤的纪念雕塑（如图5-1 所示）。这个题材是表现 14 世纪英法百年战争时期，英军围攻加来市，英王提出残酷的条件——"如果加来城派出最受尊敬的高贵市民任他们处死，加来城就可以保全"。结果，六位义民为保全城市带着城门钥匙，勇敢地走向死亡。依照罗丹的设计，整个作品为水平构图、一次排开，加来市民像为六个神态各异，与人等高的铜铸人像，直接安放在广场的地面上，就像一串苦难与牺牲的活念珠安置在加来市政府前广场上。这样，六位英雄就具有极大的感染力量，就像面对面向世人讲述着英法战争期间，为全城百姓免于屠杀而挺身而出、自愿受死的历程，雕刻家真实地刻画了每个义民的心理，力图再现当年事件的真相，把人物真实的内心世界普告后世，与他传统的纪念形式的构图和表现手法完全不同，这一组雕像也成为罗丹艺术作品创造的永久纪念碑。罗丹在这件作品完成之后说："我的人像似乎正要从市政府走向爱德华三世的军营，而与他们擦肩而过的今日的加来市民，也许能感觉到这些英雄烈士的传统与自己的紧密关联，我相信，这样必然能使人深受感动。"

图5-1　加来市民（法）奥古斯特·罗丹（Auguste Rodin）

这件艺术作品对后世产生了重要的影响，这是第一次将公共艺术品降低高度，与人们的生活相融合，与人群接近，与当下时空对接，与路人面对面进行沟通，直接拉近了作品与欣赏者之间的距离，艺术也以一种形式进行流传和存活，这是公共艺术精神的突破与发展，现代的公共艺术对这种精神进行了极大的发扬，并融合了新的材料和技术进行创造，紧密联系了艺术与公众的关系（如图5-2所示）。

近些年以来，在城市公共空间的作品中，对公共意识的非常明显，几乎每件作品都期待着观赏者的肯定，这种情况也和我国的艺术发展历史有很大关系。在艺术家对艺术作品的长期追求下，他们希望得到社会大众的认同。甚至可以认为当代艺术的公共意识就是当代社会的主流精神的一部分，当代

图 5-2 渗透到城市景观之中的公共艺术，与公众的距离越发紧密

a—法国巴黎广场；b—德国南部郊外；c—美国纽约第五大道

公共艺术作品在不断走近群众，拥有了更广阔的发展空间，成为公共景观重要组成部分。一些艺术家也积极参与公共艺术空间的创作，担负起艺术的社会责任，使得当代艺术作品在主题、空间结构等方面都体现出"公共性"的特质。

随着中国经济高速发展，城市化的发展对生活空间产生了巨大影响。艺术家对于社会的变化非常敏感，面对生活中不断创新的建筑物、不断增加的人口，以及人民生活的变化都被他们所捕获，面对这些，他们一开始感到迷茫，产生很多不同的观点和想法。

艺术家们时刻关注着物质和精神环境的不断变化，这是他们创作的主要话题。在中国特色的历史背景下，艺术家的思想层也不断注入新的观念，他们认识到只有得到公众认同，才能实现作品价值。除此之外，公众普遍关心的问题也被艺术家进行加工转变为艺术作品，融入了人们的生活，尽管大部分作品走在人们观念的前列，但是依然被公众接受，并尝试去理解艺术家的审美思想，最终形成前卫、新潮、实验性质的当代艺术作品。

当代艺术家对前卫、新潮、实验理念的坚持，并没有影响他们与公众的交流，这对于中国当代艺术的发展都是有利的。这些融合当代的精神、思维方式、公共意识和当代艺术家的生命体验的作品，采取创意性表现手法反作用于人们的生活，让人们在认识和感悟世界的同时，提升自身的审美水平。

三、培养公共艺术创作者的公共意识

历史的发展、文化的创造和社会的不断变更是人类产生和发展的基础，艺术家通过艺术形式将人类存在和发展的过程运用艺术的形式表达出来，从这个角度上来说，艺术转化的过程也是一个人文传播的过程。

传播普遍存在于社会的发展进程中。从原始的文字和图形开始，就以传播的形式进行生活的交流。艺术家将精神现象进行符号的转换，在人类社会这个空间进行传送，并妥善处理进行保存。有的以艺术作品的形式作为媒介进行传播。

艺术作品的媒介沟通了艺术家和欣赏者的思想观念，使他们产生情感上的共鸣，从这个角度上来说，艺术的传播是历史发展的必然。随着传播空间、受传者思想层次和范围的变化，艺术创作与公共空间充分结合，将理念、情感与意识都通过作品这一媒介进行沟通和交流。

参与过公共艺术创作的人都明白，艺术创作中在尊重艺术家自我意念的基础上，要依据政府和投资方的意见，尊重接纳民众的意见，最终形成满意的艺术作品。有的学者明确指出，艺术家就是各方意志的综合执行者。

其实，艺术家的创作可以比喻为"命题作文"，只能站在特定的历史、社会空间去寻找创作的灵感，进而进行加工，创作出优秀作品，这相对于过于主观或者闭门造车来说要强得多。公共艺术家的出色首先是要博学正派，还要有社会责任感和容纳别人的胸怀，这样才能创作出反映公众意志和审美的作品。

进行公共艺术创作的艺术家要探查民情，站在社会大局的意识高度，以新价值理念为引导进行创作。同时要求公共艺术的创作者要注重自我修养。站在大众的角度品读生活，在作品中贯穿新理念，进行人文和价值的传承。

第一，要有坚强的意识。公共艺术创作是一个长期的过程，这对于艺术家的心理和品质都是一个考验，过程中任何影响因素都会成为失败的关键点，所以，坚强的性格品质是公共艺术家的首要素质。

第二，要有沟通的意识。合格的公共艺术家的语言应有亲和力、感染力、

说服力和接纳力，这样，才能与公众进行沟通，消除彼此之间的矛盾，清除艺术创作中的障碍。

第三，要有责任心意识。当今社会，人们的公共意识淡薄，重建意识架构迫在眉睫，在这一方面，公共艺术家们要做出表率，对未来的危机要有超前意识和解决方案，引导社会价值的正确走向。艺术家的创作要与社会责任紧密相连，文明进步的社会会给予艺术充分的发展空间，而艺术的回馈作用就是让人们清楚地了解自己生存空间环境以及生存状态，促进艺术和社会的平衡发展，因此，艺术家的责任感和人性情怀是非常重要的。

公共艺术家是生活新形式的参与者和创造者，因此，不要与公众脱离关系，缺乏人文情怀，要与公众保持沟通的顺畅和交流，他们的艺术要源于生活，要与生活融为一体，进而完成城市生活中的情感交流。

美国的艺术家米歇尔·克雷格和马丁·古特曼在汉堡建设了户外"开放图书馆"。艺术家设置了 3 个不同的居民区露天书柜，并与当地居民进行书信来往，让他们用家庭的闲置书籍将书架填满，为了方便各地居民的捐赠和阅读，水泥箱上明确标示多种语言文字："请只借少许书，并只借少许时间，欢迎捐书。"这个公共图书馆以特色的运作为当地居民提供了参与阅读的机会。

在当代社会中，在创作公共艺术时必须考虑到公共意识的问题，尽力让每一件作品都带有文化属性，所以公共艺术创作要求对艺术的"公共性"进行深入的研究，扩大其正面社会效应的延伸程度。一般而言，公共艺术的从业人员都经过专业的美学训练，属于这方面的专业人士，自身具备这一专业的素养；同时，他们的学术研究也具有权威性和概括性。而公共艺术的大众服务功能、大众意识又必须让人拥有平民心态，但是，这与高端的学术理念又形成对抗，这就是艺术家对公共艺术的思索矛盾与痛苦，这也是时代对公共艺术家责任心的考验。

第二节　城市空间艺术与公益的结合

城市公共艺术要在传统与现在相结合的情况下进行发展。在时代发展的要求下，城市公共艺术作品在进行创作的时候不仅要注重大众审美需求，还要对其产生的社会公益价值和对生态环境产生的影响进行周密的考虑，从而创造出适合发展的良性道路。

社区就像城市的每一个板块，它是城市形成的基础，社区的当前状态以及它体现的文化品位直接关系到社会的发展和人民的幸福，对近代城市发展史较早进行研究的美国学者说过，个人对城市的认同感，以及当前的生活方式与状态都受所属群体生活直接影响。不管是什么时候，该群体的历史发展经历都决定着人们的感知程度，换言之，群体文化的产生与该区域的发展有着直接的关系。

所以说，除了个人的小家庭概念之外，社区是"社会人"组成的另一个定义下的"家庭"，这里是自我演练的场地，是我们生存依托出发和回归的地方，所以，我们作为这个"家庭"的主人，要担负起相应的社会责任，积极参与社区文化建设，保证参与的热情，这是一件长期且需要不断努力的事情。

赞恩·弥勒，美国辛辛那提大学历史系的教授，他在城市发展的研究方面有很高的建树。他面对经济高度发展的美国社会，人们的公民身份意识却逐渐淡薄，他很遗憾地表达了自己的观点"社会宿命论"，并指出，社会的发展不是个人努力的结果，这是一个群体的事情，是不同外在因素影响下的各个群体共同努力达成的结果。城市公民要认真履行自己的公民义务，加强群体之间的相互包容和理解，保证城市的各项机制顺利进行，保证政治体制的正常运转，维护和促进多元文化的发展和进步。

但是，随着城市建设的创新思想发展，上述传统的思想逐渐被取代，人们摆脱了宿命论的思维束缚，开始尊重自己的权力。但是，有一部分人不愿意改变，愿意遵循原来的生活方式。对于愿意接受改变的大部分人来说，他们在获取生活方式的自由时，也丧失了公民自身的道德，对公众利益缺乏关心。

对于中国城市建设的监督，一直到 21 世纪才出现相关的政策性文件。比如《中华人民共和国城市居民委员会组织法》，这是对社区（街道）进行管理的首个文件，关于居民委员会的选举、政治参与等工作的指导，健全和完善民主参与的社区民主自治制度，改善和强化社区对于自治的管理功能，提高社区居民的公益责任，是一个长远的计划，我们要坚定不移地前进和发展。

在历史转型的过程中，民众将会生存在新的社会环境和文化熏陶下，传统的社会力量逐渐消失，生活习俗和思想观念将发生改变，市民将建立起新的生活目标，以及符合新社会的行为规范、道德理念，这都是当代和未来城市发展的重要研究课题。一个城市的文化发展通常都是从物质和非物质两方面来进行研究的。

其中，非物质文化属于观念、伦理、道德层面的概括，近20年，从中国历史发展来看，物质文化在时间和空间的发展上都远超非物质文化，两种文化的发展形态出现了偏斜，这也是人们丢失公民道德和准则的一个重要原因。从各种权威资料来看，很多关于公共道德素养缺失的未来发展令人担忧。比如，我们对北京市民的公众道德和行为进行调查，发现普遍低于水平定性评估，这已经是全国发展的一个现象，必须引起重视。

所以，公共艺术是社会文化建设的重要组成部分。关于非物质文化建设，要重点关注传播文化理念，对艺术行为在社会价值和公共精神方面进行弘扬。当然，切忌不能进行表面化的平庸道德说教或政治宣传。而非物质文化的职责就是通过文化精神的传播去影响社会和人们的生活。

在社区文化未来的建设和发展中，公共艺术引导人们在社区视觉和生活环境以及生活品质方面进行改良与美化，尽最大努力唤起公民的社区公益责任心，增强公民之间的社区凝聚力和荣誉感。换句话说，通过社区的非物质文化建设，要将社区公共艺术这种方式转化成为公民自身的美育、道德教育和学习过程。

从利益这个层面来说，艺术和政治、经济等方式相比，利害关系的体现是最少的，相对文化有很大的包容性和交流性。人们通过参与艺术活动，对其中有争议的文化进行批评或者讨论，进而达成某种层次上的理解和妥协，在进行文化的交流中从存在隔膜与偏见到达成接受与理解，这就是社群间的艺术的对话和沟通，体现出人们对他人和自我的了解和宽容，在等级社会和现实生活之间进行超越和升华。

正如瓦卡洛夫哈弗尔所说，当代是一个多元文化世界，人与人之间的合作和创造基点是共同的文化，是一种从灵魂出发的自我超越的文化意识，并不是政治、经济这些现实性的政策观点。国家之间、民族之间，关于文化之间的关系也是如此，城市、社区中的人与人之间亦是如此。

艺术的责任就是引导人们对人类的终极问题给予关注和共同解决，在这个过程中，艺术要通过不同的人之间的生活体验、情感及意志进行交流和撞击，共同达到不同人群的精神升华和自我超越，形成最终的共同目标。所以，公共艺术的未来建设方向是引导社区民众进行精神生活和艺术文化的自觉发展，这才是终极目标。

第三节　城市空间人文与生态的和谐

城市公共艺术的设计和建设要以其所具有的地理环境和自然资源为基础进行，无论是什么目的，是要保护我们的自然资源，还是坚守我们的地方特色，都要求我们的公共艺术建设要站在区域生态的大景观视野去进行开发。换句话说，如果人类生存的自然环境遭到破坏或者不存在，生存的基础纯粹变成人造空间，那么，艺术就没有了存在的意义。所以，公共艺术的创作与自然生态的完美结合非常重要。

实际上正是因为这个原因，人们才会产生对城市的公共艺术环境的喜爱，并融入其文化语境当中，保护人居环境以及公共场所的绿色生态，并积极促进其多样化发展，保持其审美的独特性。这是当今社会公共艺术建设的重要责任。就当前环境来看，时代的发展和人们认知意识的进步已经达到和谐统一，人们已经追求到人生的幸福、精神层次的愉悦，理性思维和价值观也得到统一。在生态和环境的建设维护方面，发达国家在公共意识素养方面已经走在了世界的前列。（如图5-3所示）。

图5-3　杭州西湖全景

其实，人类在早期进行住宅和城镇的营造时，就懂得自然和谐的原则，懂得对利害因素的规避，遵守因地制宜的建设原则。

就艺术造景和环境氛围营造这两个方面来看，花草树木是城市公共空间建设的重要环境背景。体现出艺术的表现力，最终形成雕塑、壁画、装置、水体、建筑等艺术形式的空间环境，将生活与自然紧密联系，所以，我们在进行城市景观和公共艺术的建设规划中，应注重绿色生态净化环境、改善环境的生态品质和拓展视野的作用，为当今已经远离田园生活的人们重新营造出绿色生态的环境。让人们既能欣赏公共空间艺术，同时也能感受自然的风味。

通过古今的艺术实践发展可以看出，采用天然材质形成的造型，与自然景观相结合而形成的艺术作品在整体气韵和精神表达上更能表达出人和自然融合的精神深邃。在一个城市中，在进行公共艺术设计的时候一定要与区域整体规划同时进行，要结合城市的建筑规划、自然的形态，以及人文资源，体现出建筑作品的自然和人性关怀。

理查德·瑞吉斯特是城市设计及生态方面研究的专家，他曾经说过，人们对城市环境的喜爱，源于其良好结构，它能带给人们更多的能量去做更有价值的事。城市作为文化生活创造的基础，良好的城市布局、完善的功能能将文化和自然进行完美的融合。在公共艺术建设的空间区域项目中，应该注意到城市分中心的建设与其艺术景观的积极作用，公共艺术不仅要装点已有城市中心，而是还要进行分区规划设计，将城市的整体和部分进行文化和生活场景的有机融合，将社区文化与人们的生活需求相联系，绝不能将公共艺术建造成为毫无意义的装饰品。

城市历史的不断发展给子孙后代遗留了大量的人文遗产，这些都是公共艺术设计以及后续表现的参考基础和资源利用。人文遗产指带有历史精神价值的建筑实体及生活场景或者使用器物等。它们是城镇发展的世情沧桑以及艺术文化变迁的活体承载物，记录着不可再造的历史，这就决定了它们独特性，浓缩了城市发展中的人文精神和物质文明。比如那些古老的街道、会所，繁华的集市、码头，代表传统文化的祠堂、寺庙、坛塔等，因为它们的设计无论是从视觉形态的整体角度，还是局部形式中透露出的艺术魅力和人文信息，都成为历史的记载，成为我们现代人欣赏并研究的文化遗产，增添了一座城市的历史文化的古韵，成为当地有价值的休闲娱乐的旅游资源，紧密地将过去与未来进行了衔接。

随着科学技术的不断进步与发展，人们成功地开发了城市中的人文及艺术景观，使之创造了更大的经济效益，这也是对自然生态景观的变相利用，保持了其未来的良性发展，保证了城市生态规划、旅游生态保护这两方面的一致发展。在欧美和日本这些发达国家，他们在维护和利用人文景观遗产的同时还进行了环境的生态管理，他们对人均绿地面积率的规定是在 60m² 或 80m² 以上，甚至更多，保证人们生存空间的优美和舒适，同时也对公共建筑和艺术景观创造了生态氛围（如图 5-4 所示）。

图 5-4　日本京都金阁寺

我们着力建设公共性建筑空间的历史文化，同时对艺术遗产进行妥善处理最主要的原因是保持文化艺术在生态发展上的多元化，是对人类文化创造发展的尊重，保证了地域社会和文化的连续性发展。但是在这方面还是出现了一些问题，比如，经济相对落后的地区，单纯把公共文化艺术遗产作为经济创造的来源进行交易，尽管收到了短期的效益，但是也丧失了其历代传承的价值，这是当前经济下文化遗产管理的疏漏，严重损害了原居民的利益，甚至严重影响了他们的价值观念。

原居民甚至会感受到，自己生存的空间、老祖宗留下的文化成为供他人游览、观赏的场景，而自己也失去了平静的生活，成为这场"游戏"的"表演者"，直接切断了他们原有的平静生活，成了现实社会的一个玩偶，是处于从属地位的人群。久而久之，对他们会形成不良的影响，丧失其积极生存的能力，以旅游为生计维持基本生活，过着单调却没有保障的生活，一切都向商业化方式发展，但他们并没有真正在经济上和日常生活上得到多少利益。实际上，这不仅是个管理问题，更是一个地域文化和区域社会发展方向的战略性问题。从总体上讲,我们的地方文化艺术遗产及相应的旅游资源,不应该也不可能仅仅作为地方社会和城市经济发展的永久性动力或全部的依托,应该使历史文化及艺术遗产地的管理与开发和当地社会的主体结成真正的、持久的利益相关体,着眼于唤起和保护本地广大居民实现自我创造与再开发的举措,形成新的符合本地社会和文化发展条件的自我造血机能和发展模式,在维护本地区文化艺术和自然资源的同时,尊重广大居民原有的生活方式和主体意愿,最终把传统文化艺术遗产的展示作为地方社会与外界交流并赢得声誉的方式,而得到一定的经济回报只是一种次要的补偿,而不是作为在根本上提升地方社会和经济(尤其是关于人的主体创造意识和能力)发展的内在基础(如图5-5和图5-6所示)。

图5-5　安徽宏村

图5-6　安徽西递

第六章 雄安新区城市公共空间景观艺术

第一节 雄安新区的城市空间发展形态

设立雄安新区这个重大决策，是中共中央在推进京津冀协同发展环节的关键性部署。雄安新区位置处于京津冀地区核心腹地，它的发展空间非常充裕，具有北京首都功能所没有的天然优势和区域条件。

雄安新区城市在空间创建的建设上，要以现代的国土空间开发新模式为原则，坚持"生产、生活、生态"空间之间的协调发展，达到"三位一体"的融合状态，最终形成生产空间的使用做到集约高效，生活空间的使用实现宜居适度，生态空间的使用体现山清水秀的意境。生产、生活和生态空间在设计地位上的作用不是一成不变的，不同经济发展阶段他们呈现的结果有所不同。工业化发展阶段，生产空间处于主导地位，并得到长远的发展；后工业化发展阶段，生活和生态空间替代生产空间，成为主导地位。雄安新区在建设时，要以后工业化时期的特征为准则，体现当代中国的特色，沿着社会主义的总体发展方向，对城市空间的整体布局与管理进行生产、生活和生态空间的三者融合，并协调发展。

一、建构集约高效的雄安新区城市生产空间

雄安新区的建设目标就是要成为全世界的创新中心以及高新产业中心，确立经济增长的新地位，引领京津冀乃至全国的经济发展。要实现这一目标首先要建立优势产业，作为核心竞争力的基础。换言之，雄安新区不仅要在自身的发展上成为创新驱动的核心基地，同时也要集中承载北京的高新技术研究成果，成为集合科学技术与经济发展的综合地。因此，要想实现这个目标，既需要雄安新区的地域条件、历史文化资源的支撑，同时也需要国家和

政府的政策支持，与此同时，还要有社会发展的历史机遇。

在未来社会的发展中，雄安新区的城市生产空间主要集中高端产业、文化产业和公共服务产业这三种形式，形成"三大支撑点鼎力"的城市产业空间布局。以信息化与工业化为基础进行融合，重点促进高端技术产业发展，对产业体系进行全面的优化升级，建设出集中、高效的生产空间，形成独具当地特色的"高、精、尖"经济体系架构。而实现这一产业巨变的最佳路径就是高新技术革命的变革。

目前社会，技术革命主要是以移动网络方面的应用为主，所以信息技术的智能化发展与应用成为新的产业支撑点，而集合"信息化"与"工业化"就顺理成章成为新产业革命的主要特点。

综合国际产业的总体发展趋势，所有行业中，新能源成为当前社会发展的重心，随着计算机智能的发展，智能制造也成为主流，信息化已经融入人们的生产和生活中，成产新业态、新模式不断创新。在这种背景下，雄安新区要冲破阻力成为经济发展的核心地带，必须努力站在高新技术革命的前沿，占据世界产业链体系的最佳位置。凭借国家的行政支持和合理的市场调控，快速集聚生产要素，促进新产业体系快速发展与成熟，在高新技术产业的带领下完成河北省的产业结构化升级，并对京津冀地区的要素空间实现优化分布，促进其在更大范围内实现经济包容性增长。最终在高新技术产业体系的带领下，实现雄安新区的崛起。因此，雄安新区的建设必须把重点放在创新驱动型产业的发展与规划上，同时加强高新技术产业发展先导区的建立。

就目前产业结构分析，河北与京津地区之间存在的差距很大，在产业的承接层次方面相对较低，如：第一产业主要集中在"菜蓝子、米袋子"产业；第二产业集中在"高耗能、低附加值"的产业；第三产业集中在"物流、旅游"等产业。高新技术产业在承接环节的难点是缺乏相应的配套要素，比如产业、环境、政策等方面的支持。

雄安新区在进行疏解北京高新技术产业的过程中，由于地域不同对税收产生影响，成为疏解的最大阻力。因此，合理的税收分离政策是解决这个问题的关键。而站在雄安新区的位置上，就要为高端高新技术产业的发展积极创造条件，这样才能顺利完成承接，真正做到"以文立城，以产兴城"。大力促进并发展当地的特色文化产业，全力建设"大文化"背景下京津冀文化产业的前卫区、国家文化产业发展引领下的示范区文化，这是雄安新区文化建设的主要内容。

因此，要加强雄安地区的顶层设计，实现"以文立城、以产兴城"的目标。雄安新区的文化产业要综合"五位一体"的高点布局定位，发展视野要立足京津冀、放眼全中国、走向全世界。这个过程不是单纯的对雄县、安新、容城三县进行的现代化融合与提升，而是在"科技、生态、宜居"的现代原则下重新进行全新文化业态的构建。雄安新区在文化建设与发展方面要遵循传统与现代之间、科技与文化之间、文化产业与公共文化之间的相互融合和渗透。

公共文化的发展影响城市的产业布局，而产业文化的发展也身兼公共文化的需求和责任。我们要尽快完善《京津冀文化产业协同发展规划纲要》，将雄安新区建设成为京津冀文化产业的示范区。雄安新区文化建设要以保护传承为基础，同时还要大胆借鉴国内外文化方面的优秀经验。

新区的文化规划要突出以下几点：

第一，首先梳理雄安新区的历史文化脉络，提炼精华，保存传统的文化遗存和民俗文化，将其文化精神和生态文化作为当地的人文动力源，对历史文化记忆进行保护和传承，成为雄安新区的特色要素，顺利完成传统文化产业向现代文化的转型与过渡。

第二，要与世界接轨，借鉴国内外的文化产业建设和发展经验，在发展高新技术的同时不要忽略与文化产业的融合，从综合实力增强新区产业的竞争力。将"创新驱动、协调发展、开放先行"的建设理念贯穿始终，重点进行数字创意产业和国际文化贸易的推进与发展。

第三，文化产业的发展要地域资源进行融合和利用。如，很多文化研究者提出对芦苇文化产业的开发。苇编文化的历史发展很悠久，享有"一寸芦苇一寸金"的美誉。白洋淀的芦苇年产量高、质量好，最适合做成苇编产品。雄安新区的设立对白洋淀芦苇画文化的发展将起到推广作用，同时，新城的建设要以芦苇工艺品作为主要装饰，以此促进芦苇生产业和旅游业的发展。除此之外，芦苇还有畜牧、药用、园林等方面的巨大价值，合理利用和发展也能创造出巨大的经济和文化价值。

疏解的重点放在与首都联系不紧密的行政功能、事业单位和企业总部，做好"输血"与"造血"双面工作的同时进行，进行公共服务体系高标准化建设。雄安新区设立的主要目的是为了分解北京的非首都功能，对"大城市病"问题进行彻底解决,探索高密度人口聚集地区生态环境可持续发展的问题。

非首都功能主要指的是四个方面的疏解工作:

第一,一般性产业,特别是耗能高的制造产业。2014年,随着京津冀协同发展相关战略的提出,这方面的疏解工作已经快速开展起来,并且取得相当好的效果。比如,北汽、大兴生物医药园都迁移到沧州地区。

第二,大型批发市场和物流基地。自2014年截止到现在,大型的批发市场已有390多家得到了合理的疏解,最终效果很好。

第三,医疗、教育、卫生等服务性行业。这一项的疏解进度非常慢,效果相对来说差一点。

第四,首都部分行政机构、事业单位和企业总部。这是疏解的重点环节。通过新城区的承接,对于缓解"大城市病"的问题起到关键性的根治效果。这些非紧密性机构一般都处在北京城中心区,对于交通拥堵、人口超载等问题都造成了重要的影响。通过教育、医疗、行政企事业单位的承接工作,雄安新区在公共服务的层次和公共管理的能力方面都会有所改善,这能够促进我们建设标准较高的公共服务体系。

因此,雄安新区的建设要将部分领域的对接工作作为重点,重视人才的吸收,对高端功能进行着重培育。在这个过程中,我们要了解疏解对象的需求和偏好,并在此基础上进行公共服务体系供给的改革与创新,主要体现在两个方面:一方面,完善公共服务供给的机制,融入灵活性和多元化的因素,提升非营利组织、私人企业对公共服务供给的参与度;另一方面,政府可采用特许经营、税收优惠一级合同承包等形式对市场化进行创新,采取这种公共服务供给模式,能够有效提高政府公共服务供给方面的质量以及效率。

二、建构宜居适度的雄安新区城市生活空间

雄安新区建设目标是要达到绿色、生态、宜居的居住标准,遵循"水城融、蓝绿汇、天人合"的原则。雄安新区建设的首要目的是为百姓建设和谐的生活家园,除此之外才是完善城市建设与创新的其他使命。对此,相关研究者提出要本着"以出世的心,做入世的事"的做人原则来建设雄安新区,这是具有一定的启发性的。

雄安新区的建设要以现在为基础,同时与未来接轨,在此基础上解决新

时代城市建设发展中的相关问题。在这个理念的指引下，雄安新区在开始建设的时候就提出了以下三条原则：

一是绝不搞土地财政。

二是一定考虑百姓的长远利益。

三是绝不搞形象工程。

这三条原则是以人民为中心发展理念的具体展现。

"绝不搞土地财政"就是改变过去地产主导的城市开发模式，因为它导致百姓生活成本增高。土地财政就是政府低价从百姓手中"拿地"，又通过招拍挂方式高价出让给开发商，由此引发了深层的社会矛盾。

"一定考虑百姓的长远利益"就是要让百姓成为新区建设的参与者、受益者，真正融入新区生活，分享新区发展成果。

"绝不搞形象工程"强调的是政府的统筹规划作用，以及对自然规律的遵循要求，这样才能建设出怡人的生活环境。

这三条原则的规定理念与雄安建设的统筹发展理念"生产、生活和生态空间"是具有一致性的，都是以关怀百姓生活为基础，从民情出发，解决民生问题，最终赢得民心，建构出高舒适度的生存空间，让当地原住居民、疏解城市压力的北京人以及国内外建设精英都能在此安居乐业，找到生活和工作的归宿。

所以，雄安新区的建设必须从百姓利益出发。为百姓解决新区建设初期的安居与就业问题。同时雄安新区的建设必须保持民生温度不断增加，政府要秉持"执政为民"理念，对民情、民生、民意进行全面把握，尽最大努力为老百姓打造出安居乐业的美好空间。

未来，雄安新区的人群构成大体分为三类：一是原住居民；二是由北京疏解于此的人；三是城区建设的国内外精英人士。在雄安新区的建设过程中，为了吸引将要疏解于此的北京人，以及国内外的精英人士，在基本的待遇等问题方面国家会出台相应的政策作为他们的基本生活保障，因此，相比而言，最难安排的是当地的原住居民，这是构建安居乐业生活空间的最大难点。

雄安新区的建设必须要关注原住居民的民生问题，原因如下：

首先，要提前意识到产业转型的过程会对原住居民的就业问题产生冲击。雄县、安新、容城集合了服装、箱包、皮革、包装、电线电缆等多种产业，相关的从业人数占据的比例很大，这是当地原住居民的生活收入基础。因此，必须考虑产业转型对这些原始产业的影响，这是生活空间建设的根基所在。

其次，要提升居民生活空间的公共文化的服务层次和文化内涵。从目前的状况来看，乡镇居民的生活空间对于文化部门建设的关注度不高，造成机构设置有缺陷，公共文化的基础设施相对较少，即便是有，居民的利用率也很低，功利性色彩强烈，形式也非常单一等。

因此，根据新区文化产业建设的需求，要对原住居民的文化生活进行丰富和扩展。要想建设出理想的生活空间，最基本的问题就是安置好原住居民的生活，尊重他们的特殊身份，即他们是新区开发的贡献者和见证者，让他们在雄安新区中体会幸福感，认同新区建设的价值所在。雄安新区原始居民的主要问题表现在拆迁问题、安置问题、就业问题和生活成本增高等问题，理想生活空间的构建要以解决这些基本问题为前提展开。

我们要建设成节水型的生活城市，推行"节水"的正确生活模式，最终实现"水城共融"的美好状态。雄安新区在位置的选取上，除了地理方位的因素，还有一个很重要的因素就是白洋淀景区。

水是一个城市的生命元素，是人类基本生存的必需物质。雄安新区要实现绿色、生态的新城建设，对于白洋淀的开发以及后续的利用和保护是非常关键的。从历史资料记载可知，白洋淀的上游是由九条河汇集而成的，因此有"九河下梢"之称。但是白洋淀目前的状况很不乐观，水质大面积污染，水资源也相当匮乏，而且地下水的超采问题已经很严重等。关于白洋淀的水域面积，从历史资料显示，最高达到1000平方千米，而现在的数据显示，仅为366平方千米。新中国成立以来，在白洋淀的上游曾经修建过100多个水库，造成蓄水量的减少。白洋淀的水质目前属于Ⅴ类，属于最差的劣质级别。因此，雄安新区的建设应首先合理治理白洋淀水域问题。

白洋淀在生态功能上尽管担当大任，有泄洪蓄洪、补给地下水的作用，但是，要说起生产生活用水的来源处理，却是很大的问题。换言之，雄安新区在水资源的治理上必须进行精细化的管理，以实现节水型城市的建设，规划人们的节水生活方式，只有这样，水城共融的未来情景才能实现。

我国京津冀协同发展专家咨询委员会组长徐匡迪，对于雄安新区在生活空间宜居设计方面的实现，提出了四大难题需要解决。

第一，关于理水营城的问题，强调的是水的供应、消耗与排放等方面的问题。第二，关于城乡协同方面的问题。比如田园城市的建设、建立特色县城和美丽乡村的定点规划，重点解决关于"淀中村、堤上村"的难题。第三，将科技创新与城市建设相结合，加强实施智能化城市的管理措施，最终形成百年不落后的局面。第四，关于新城建设要与白洋淀的生态功能性修复同时进行，保持华北地区生物的多样性繁殖。

总之，关于白洋淀的水安全治理问题是雄安新区建设与发展的核心问题。所以，相关城市建设的专家提议，对待水管理问题要实现供水向需水的管理转变，坚持"以水定城、以水定地、以水定人、以水定产"的基本原则，控制和规划好人口的承载问题；坚持开源节流，注意调配的科学性，管理好供水的安全处理；纳污红线管理制度要严格实施，排放源的控制要点面结合，水质安全要重点保护；对白洋淀的全流域性生态修复要严格实施。一个地区的发展，交通建设是首要问题，构建"空铁一体化"的交通网络，实现居民出行的交通多样化，这些都有助于提高人们生活空间的便利度。

雄安新区在选址的问题上，第一步也是考虑交通是否便捷和通畅等因素。雄安新区的位置和京津之间距离比较近，空间结构正好是一个等边三角形，这就形成了"一小时世界级城市群通勤圈"。雄安新区的建设要大力与北京新机场、天津大港等地区形成协同关系，构建与国际、国内以及服务区域一体化的综合性交通网络，达到居民出行的交通便捷服务。"快捷高效的交通网络建设，绿色无污染的交通体系"是雄安新区建设交通方面的重要任务。

根据河北省轨道交通"十三五"规划要求，将修建廊保、京石、廊香、廊涿、京唐等城际铁路，届时将形成"四纵四横一环"的网络模式。雄安新区要重点对地下管廊式的基础性设施进行建设，这是符合现代化生活空间建构的一种新理念，是高效利用当前生活空间结构的优化体现。

这种建设将城市中与人们生活有关的交通、水、电、煤气等供应设施，以及灾害的预防系统都进行地下设计，交通元素也会放置在地下。平均 500 米的距离之间，人们就可以找到地下车站，届时交通会四通八达，非常方便，而且时间上也会缩短，坐高铁到北京的时间只需 40 分钟左右。

徐匡迪院士指出："雄安新区要建设 21 世纪地下管廊式的基础设施，把城市交通、水电气、城市灾害防护系统等都放到地下，把地面让给绿化和人的行走。"❶ 由此，我们可以看到在雄安新区，高铁铁路线、车站和大部分市

---

❶ 引自华夏时报。

内交通都要进行地下放置规划。在这一点上，2017年5月，我国政府发布并实施的《全国城市市政基础设施规划建设"十三五"规划》提出了相关的要求，在新城市的区域建设中，关于新建道路的建设必须要进行地下综合管廊的同步建设。地下的建设是立体化城市生活空间构建的必然选择，这将对城市生态环境有极大地改善。

河北省委常委、副省长，雄安新区党工委书记、管委会主任陈刚在与百度集团举行对接座谈时指出，雄安新区建设要在信息化和智慧城市等融合发展方面实现突破，未来将实现以智能公共交通为主、无人驾驶私家车个性化出行为辅的出行方式，其旨趣在于把城市空间、路面归还给人。目前，雄安新区市民服务中心项目加速，地下综合管廊主体结构全面完工。雄安新区地下综合管廊除自成系统外，还有一个与周边城市对接问题需要妥善解决。

三、建构山清水秀的雄安新区城市生态空间

"绿色"是当前社会发展的新理念，体现的是生态文明建设的总体要求，雄安新区的建设要以生态文明为核心理念，致力打造"景美、适宜"的生态空间，成为生态建设的典范。在中央规划的建设文件中，关于雄安新区的任务安排，其中一个重点任务就是"建设绿色智慧新城""突出生态优先、绿色发展"的目标。

雄安新区在生态空间的建设和发展中，应以习近平总书记提出的"绿水青山就是金山银山"的理念为基础，以中央提出的关于生态文明建设一系列文件为纲领进行总体性部署。比如：

在党的十八大报告中强调"把生态文明建设放在突出地位"；十八届三中全会又提出"建立系统完整的生态文明制度体系"；十八届五中全会提出"绿色富国、绿色惠民""推动形成绿色发展方式和生活方式"；十九大提出"实行最严格的生态保护制度""走生产发展、生活富裕、生态良好的文明发展道路"等。

上述政策都充分体现了国家对城市生态空间建设的重视程度，并已经进行规范化、法治化的治理。在进行雄安新区的建设中综合生产、生活和生态空间的综合性建设，始终以生态文明的理念进行全程建设的指导，最终打造出青山绿水的生态宜居新城。

在党的十九大报告文件中，有一句话是对雄安新区功能性建设问题的总

结，即"以疏解北京非首都功能为'牛鼻子'推动京津冀协同发展，高起点规划、高标准建设雄安新区"。

规划总体要求起点非常高，建设标准要求非常高，而良好的生态空间是实现雄安新区这两方面的基础保障。其中，关于高起点规划要做到生态优先，体现"多规合一"。"多规合一"是建设的综合性要求，即对土地、湿地、环境、交通等综合要素进行统筹管理，降低城建中的不利因素；高标准建设针对的主要是产业的结构和环境检测提出的原则性文件，既要合理化结构布局，也要严格控制环境污染的标准准入和排放。这个问题有很多专家给出了建设性的意见，比如大力推广"雄县地热供暖模式"，严格控制二氧化碳、二氧化硫和粉尘的排放量，实现零排放；坚持开发利用中深层地热与浅层地热、城乡地热，除此之外，还要将地热与其他清洁能源进行综合利用。

很多学者提出对白洋淀的生态功能进行全面修复，目的是让白洋淀的水变成活水。部分专家提出在白洋淀的上游开通拒马河，从源头上处理问题，供应纯净水；也有部分专家对"引黄入冀补淀"问题进行了详细的分析；除此之外，还有部分专家建议"海水的淡化处理"方案。雄安新区的特色景观就是白洋淀，其代表着雄安新区的特色与魅力，所以，白洋淀的生态功能修复工作是雄安新区城区建设的重点问题。

中国生态文明与研究促进会执行副会长李庆瑞认为，雄安新区生态空间建设应当抓住抓好以下五个方面：一是建设规划要体现生态文明的要求；二是实现生态环境管理的系统化、科学化、法治化、精细化和信息化；三是把生态文明建设纳入政绩考核体系；四是营造全社会共建生态文明的氛围；五是为生态文明建设提供足够的人才保障。

提升生产、生活、生态之间的空间融合度，在进行生产空间、生活空间的建设时避免对生态空间的污染，让人们的生活建立在"水城共融"的情况下。雄安新区在规划建设初期就是奔着水城相融的总体原则进行的，打造蓝绿相呼应的适合人们生活的城市。

为了追求这一建设目标，我们要做的就是对生产、生活与生态空间进行融合，生产、生活空间可以概括为"城"字，生态空间可以概括为"淀"字，所以，对"城"和"淀"的空间进行优化是核心问题。因此，相关研究者经过分析提出多种方案来解决这个问题。有的从自然系统与社会系统两个方面进行研究，将其进行融合和渗透；有的从城区建筑的格局进行研究，建议进行扇面设计，这样能够对防灾、泄洪进行有效防治；有的建议把湖淀作为核心，营造圈层结构、虚实相生的意境特色。

无论采取哪一种方案，都是围绕"城"与"淀"之间的关系展开的。白洋淀是天然湿地，它的特点是水面与芦苇交错，淀中既有村庄，也有堤坝，沟渠之间都是相通的，是融合水陆两个层面的复杂情况。新区的建设要实现城乡的共同发展，最终实现现代化。所以，城区的相对集中和乡村的相对分散构架出一副和谐的发展画面。

实际上，生态空间被破坏的主要原因是源于人们的生产和生活，比如污水排放、垃圾乱堆等情况。而实现水城共融，首先要对白洋淀的繁荣生态系统进行严格的治理，其次是对生态空间的保持，只有这样才可能彻底进行根治。所以，我们应当建立相关的监控督导组织对生态环境的破坏进行控制，防止在雄安新区的建设中出现生产、生活与生态空间共融的偏离。

为了保证雄安新区的生态、绿色发展，从生产空间的设计和发展方面，我们要禁止相对落后的企业进驻，防治产业负面清单的出现；在城镇的发展监控中实施卫星规划，建设示范性的特色小镇；规划好城镇开发的边界问题，保证白洋淀的生态空间正常循环；发挥进驻科研机构的作用，促进文化产业的快速发展。从生活空间方面要做到以水定城，对整个区域的人口做好评估；保证生态和生活的基本用水；制定好符合实际的污水处理方法以及垃圾处理的合理方案；实施煤改气、改电，防止大气环境污染；交通出行选择公交车、电动出租车以及轨道交通等形式。坚持将绿色循环模式和低碳生活模式作为发展的主要方向，对生态空间进行强化立体开发，打造碧海蓝天般的美丽家园。

雄安新区处于京津的保腹地带，在区位位置上有明显优势，生态环境属于优良级，资源承载方面的能力非常强，它拥有华北地区面积最大的淡水湖——白洋淀，但是开发的程度却相对很低，所以开发的空间非常大，这些基础因素对于雄安新区的未来生态空间建设来说，是机遇和挑战并存。

在《中共中央国务院关于加快推进生态文明建设的意见》中，国家提出了我国未来的发展理念，即遵循绿色、发展和低碳的标准，制定了雄安新区的生态空间建设标准。如下对政策相关标准做详细分析。

"生态先行"这个标准符合建设生态新城总体目标，"先行"强调了对白洋淀生态环境进行治理是非常迫切的事情。

　　"流域同行"指的是白洋淀的水流与上游水流是同一个水系，这在生态治理的过程中都是非常重要的理论观点，一定要坚持上下游治理同步进行；保证被引进的水源的丰裕和干净，并且要做好监管工作，保证水源的质量要求。

　　"投资慎行"的前提是保证投资源的重复，找到对生态治理与保护相适合的投资，投资的时候要进行科学、合理的分析，要眼光放长远，注重长远利益的规划。雄安新区在建设过程中，要明确开发边界和生态红线的划定，统筹安排生产、生活和生态空间，重视并加强白洋淀在生态方面的修复功能，提升森林覆盖面积。

　　要充分的思考关于白洋淀在生态水域方面和水网系统的蓝色空间保护方面，加强陆域绿色空间的建设，打造天蓝地绿、水美人和的生存空间。2018年2月6日，雄安新区开始公布"10万亩苗景兼用林"的建设项目并顺利实施，各个项目总的造林面积约7.9万亩。国家为了进行绿地面积扩大，利用一切可能利用的空间进行绿化，比如，屋顶绿化项目、墙体植被项目等，要求新建设的隆坊设施"楼顶绿化方案"的设计，形成垂直和立体绿化的直观效果。

　　总而言之，"国家大事"赋予了雄安新区新时代责任，"千年大计"赋予了雄安新区新时代使命。雄安新区在建设发展的过程中，必须以"创新、协调、绿色、开放、共享"的原则作为发展理念，最终形成生产空间的高效集约、生活空间的适度宜居、生态空间蓝绿交织的空间格局，三位一体相结合形成宜居空间，体现出雄安新区的模范功能、承载功能、协同发展功能和极核体系功能。

　　从生产空间层次分析，核心问题是打造优势产业，保证其可持续发展，努力向创新驱动中心的目标发展，转化成为北京高新技术成果的集中承载中心，集合科技、文化和公共服务产业为中心的城市产业布局结构，形成以三大支柱为支撑的城市产业局面。

　　从生活空间层次分析，首先要保障民生，并对其进行合理化的发展和改善，这是雄安新区所有工作的基础和目的，发展要以人民生活为中心，关注百姓利益问题，才能做好工作。重点关注原住居民、疏解于此的北京人和引进的国内外精英三个群体的人群，在安居与就业方面给出实际性的解决问题的方案，着重落实节水和交通这两大工程的基础性建设。

从生态空间层次分析，做好生产、生活和生态空间建设的统筹工作，在这一过程中要有生态文明理念，把生产、生活与生态空间的融合度进行识读提升，把对生态空间的侵扰度降到最低，实现雄安新区情景的生态宜居建设。

第二节　雄安新区的公共空间文化价值

随着城市化进程的新一轮发展，我们所处的时代已经进入了城市的时代，城市之间的竞争也成为历史的主流。文化与城市发展之间的关系越来越紧密。文化是城市发展的根基。全球化的发展，促进了城市之间的竞争，文化策略是竞争的核心所在。

文化及其产业能否成为城市转型发展的新动能？

联合国贸易暨发展会议委员会（UNCTAD）在《2020全球核心趋势报告》中指出，所有产业均将成为文化艺术的创作产业，一个以文化创意为发展动力的新时代已经来临，并成为人类第四波动力（继"第三波"动力——信息产业经济改变世界之后，文化产业被国际上视为"第四波"动力）。

文化及其创意产业，是否能够促进城市的顺利转型与发展？文化创意产业，作为新时代经济形态的财富核心点，它对一个国家，城市以及地区的影响，不单纯仅限于经济增长的影响及其文化价值的社会传播，我们更要注意其外部的整体效应，能将城市推进品牌行列。

在城市的空间布局中，我们的设计理念逐渐对功能产品的中心性思想进行了淡化，而以人的精神心理消费作为核心理念。城市在景观方面、旅游方面的建设也逐渐从物质化的硬件建设转向了文化体验和审美情趣的打造。

一、当前雄安新区在文化空间的建构上存在的主要问题

雄安新区既立足现实，又承接未来，它的文化积累、空间建构和城市文化的共同体形成，都需要磨合、交融和累积，需要新时代理念的引导，应坚持协调发展，坚持可持续发展的路线。城市的文化规划和空间打造既要以现有文化资源为基础，又要有超越现状的模式，开展新路径，结合国际视野进行文化方面的创新性思维，重视文化、科技与高端经济结合，找准新区产业集聚的准确定位，实施科技引领文化的思维路线，运用信息文明促进城市文化空间建构的形成，以文化或者文化产业的新形态对城市的文化场景以及文

化品位进行塑造。

（一）在整体规划上重点对城市肌理及其文化空间的七方面进行构建

雄安新区的建设要体现高起点、高标准、高品质的标准，整体规划上要展现全球视野，以世界标准来打造，提升城市建设的品质，塑造新型城市的品牌，切忌求大求快、脱离实际。河北雄安新区的设置，是党中央的第三次新区建设，这是关乎千年大计的发展计划，是国家大事，主要目的是对北京非首都功能进行疏解，建设北京城市副中心，是其他单位和企业的集中承载地，集合政府、企业和文化的承载任务。

要对北京市当前的人口、交通、空气、公共服务等方面存在的"城市病"进行解决，主要应在七个方面进行统筹改善和规划。

一是绿色智慧新城的建设，主要具有国际一流的地位，体现绿色、现代、智慧的因素。

二是优美生态环境的打造，构建出蓝绿结合、清新、明亮、水城共融的城市生态状态。

三是重点开展高端高新产业的发展，进行创新要素方面资源的吸纳和集聚，加强新动能创造。

四是保证公共服务的优质，健全配套设施，做样板城市标本。

五是构建交通网，打造快捷、高效、绿色的交通体系。

六是加强体制机制的创新改革，发挥市场的决定性作用，对资源进行合理化配置，发挥政府激发市场活力的重要作用。

七是加强对外开放，打造对外的新合作平台。

这样的城市在规格上非常高端，它在发展定位和制度创新两方面都将成为实验区。未来这里会是高端服务业和高新产业的集合区域，会集聚高端人才进行开发，特别是有才能的青年创业型人才。随着城市人口不断发生变化的就业结构，对城市提出了文化娱乐设施的建设要与当前的生活相匹配。

我们要以当今社会主流趋势的文化价值为基础，进行城区文化在空间布局方面的工作，注重城区的文化场景建设，对文化艺术进行根脉性的基础培植，进行文化创意的凝聚，创造新型的文化交流氛围，加强文化对民众的感召力，从而吸引创业和发展型人才的加入。加强原有文化形态与新兴文化业态的交融，形成新兴城市的亚文化共同体，建设城市高端产业的支撑基点，文化创意产业的作用是不可小觑的。

雄安新区在进行文化建设时，要遵循先进的理念，不能破坏文化遗产、文化根脉，更不能将西方的城市建设进行简单挪用，将我们的城市文化空间建设特色彻底进行西化。雄安新区商务文化空间建构，其未来发展形态不能脱离首都文化圈而独立存在，要尊重多元文化的共生，以此作为凝聚力来发展，在人文精神的支撑下进行高端科技相关产业的发展，将文化资源进行资本的转化，作为雄安地区创新发展的基础和引擎。

雄安新区的建设不是朝夕之间的事情，而是长期的、历史性的工程建设，我们一定要有耐心，将"功成不必在我"的精神贯穿全部过程。雄安新区是未来子孙后代的生存基础和历史遗产，在建设的开始就要坚持"世界眼光、国际标准、中国特色、高点定位"的基础理念，努力打造新理念下的新示范区。坚持在先进理念和国际高标准的原则下进行建设，这样才会经得起时间和历史的检验。坚持以人为本，从人的实际需要出发，进行疏密合理的规划，同时注意环境的绿色低碳发展，最终形成自然、宜居的生存环境。公共服务的优质化建设，能对人才的吸引起到促进和疏解的作用。

从一定意义上来说，这些理念和原则的实施，都是以创新文化的意识以及大结构的文化思维为主，其价值也会在城市文化场景中集中体现，以此吸引高端人才的发展，保证工作和休闲生活的融合，这是雄安新区城市建设以及文化空间架构的基点。

(二) 新区建设的历史文化语境

雄安新区的设立和未来发展是在当前多重语境的融合下进行的，比如当前中国发展的关键词是：现代化社会的探索、新时代文明的崛起、社会主义文化发展强国、中华民族的伟大复兴、网络信息化文明时代、城市发展的新时期等，这些既是雄安新区发展的新形势，也是可遇不可求的历史机遇。

中国的发展经历了现代化历程和改革开放，从新中国成立初期不断的励精图治，终于迈入现代化强国之列。改革开放之后，我们用30年的时间将深圳从小渔村发展成为一线城市，将珠江打造成为最具中国活力的创新城市。上海的浦东新区进驻紧抓历史机遇，成为上海发展的经济支柱。

之所以把雄安新区设立在京津冀腹地，就是要建立一个城市中转地带，解决北京的压力、给天津的发展带去活力，同时运用河北资源，这是新区从规划到建设始终背负的责任和使命。新一轮的全球化建设高潮，以及构建"人类命运共同体"倡议的提出，为中国的发展提供了更大的空间和历史机遇，对外开放不仅是发展的必然，也将在发展中提升。

雄安新区在功能定位以及培育创新驱动发展方面，不能复制成功的先例。深圳的发展是以人力成本优势为基础进行的，结合时代的产业转移的机遇；上海的迅速崛起依靠的是中国制造业的发展机遇优势，以及世界第二大经济体的实力发展。而雄安新区所处的时代特色是全球化和信息化的发展，以中国当前的制度、文化强国的发展目标、创新发展的创业潜力为基本依托，造就新时代的示范基地。雄安新区千年大计从文化建设开始。

当前，世界经济也在进行新旧动能的转换，这是发展的关键期，新时代的科技和产业革命随时爆发，中国经济面临着速度上的巨变、结构上的优化以及动力方面的转换状态，我国在"创新、协调、绿色、开放、共享"理念的正确指引下，全面开展供给侧结构性的改革。在现代化事业"五位一体"的总体布局中，我国的工业化、信息化、城镇化、农业现代化事业进行了同步的发展，"一带一路"倡议的实施、京津冀地区的协同发展以及长江经济带的快速发展，同"文化+""互联网+"相互交融。我国当前城市进入全面发展的新时期，文化发展也进入了新阶段。

2017 年 4 月，国家文化部发布了针对经济和社会转型的文化活力建设的相关文件——《"十三五"时期文化产业发展规划》。文件中重点提出关于文化发展的城乡统筹计划，有目的地进行区域文化以及特色文化产业的建设，发挥优势，明确重点，对不同地区的文化产业进行多样化、差异化推动，形成优劣互补协调发展的新局面。

在推动文化产业的发展过程中，要将其与新型城镇化建设进行融合，注重城市历史发展文脉的延续性，对乡村原始、自然的生态风貌进行有效的保护，将当地的文化特色与风俗习惯进行记载。加大对中心城市以及城市群在创意、技术、人才、资金等方面密集优势的支持力度，将产城进行融合性发展，增加区域协同发展的增长极数量。鼓励中小城市、城镇地区的文化优势资源的开发，积极进行县级特色文化的建设，同时要加强建设文化特色产业群，促进城镇居民收入的增加。支持各地建设文化村庄、文化街区。鼓励文化与其他产业的结合，把文化建设与环境居住进行协调，运用文化的创意引领居住环境的建设，同时反作用于文化的创新与传承，形成具有文化内涵的特色城镇居民区，从整体上将公共空间、文化街区以及城市艺术园区进行人文空间规划，提升居住环境的设计品质。

在历史发展机遇、国家政策支持以及现代化的时代背景下，雄安新区在进行城市肌理空间设计和规划中，要体现文化方面的创意特色以及其自身所具有的价值导向，以科技创新之城硅谷的标准进行定位。众所周知，未来主要是人才竞争，作为产业发展的核心，人需要在具有文化、娱乐、适宜的空间中进行创造，尤其当代网络原住民，其泛在形式的存在方式已经成为当代青年的国家化的生活形式，网络社区化的特点就在于其迥异的视角来进行审美情趣的需求，激发了城市多样化的文化追求，同时对城市文化场景提出了新的要求，以及与之相配合的品位层次，以此作为人才的吸引目标。

我们始终要明白，京津冀协同的城市发展，其核心还是北京。北京在疏解之时，还要在管理上继续努力，提高人口的治理能力，建成精英高端服务业的中心城市，在全球形成感召力，成为"节点"城市。这要求我们既要管理北京，使其成为中心指挥中枢，又要发展雄安新区，保证其作为城市的副中心功能，为北京的核心城市发展做好支撑工作，最终建成大循环的资源圈，形成多样化的文化品位城市共建，所以，雄安新区的文化价值建设的目标要以北京为标准，预期相互对应。

二、雄安新区的建设要体现人文的属性

城市是人类文明的外在显现和载体，这是从其诞生就具备的属性。17世纪早期，"城市"开始诞生，是对市镇人们的行为、习惯、文化的总体概括，体现出城乡民众综合行为的不同。"城市"的定义因素中，文化因素最重要。从精神层面理解，城市既是居住环境，也是精神环境。城市的本质是人群的聚集地，代表人的"活法"，同时也是人们理想与生存意义的外在追求，它是在文化的整体引导下的人们生活方式变化的总结概括。通常我们对城市建设的理解是物的建设，是一种没有情感的空间建构，但究其原因，城市建设的根基正是人类文化理念这种无形的软件，城市的文脉和灵魂彰显建筑空间的情趣。

雄安新区的建设基底是文化的考量过程，要把当地人对城市的本性要求以及他们对文化的追求作为建设的原则，其历史文脉的发展过程需要家园的营造来表达，这样城市文化与空间建设相结合的理念才能促进雄安新区的未

来发展，达到首都副中心的功能。

人本主义城市学派就是以此为基本理念进行研究的，它的代表人物芒福德说，城市容纳文化的多样性发展，文化建设比城市建设更重要。这说明，城市是人的城市，要尊重人的行为、人的地位、人的权利以及追求，保证人的尊严的生活，才是城市的根本。西方美学家卡尔维诺也发表了自己的观点，认为城市的发展孕育了艺术这个细胞，但是，城市自身就属于艺术。所以，城市的定义就是文化的定义，它不仅是高楼大厦的空壳子，而是有家园意味的人类生活发展的美学史。城市文化是城市发展的活性因素，能促进生活更美好，丰富人们的生活。这些都要作为雄安新区的建设理念。

从为人属性方面分析，城市的场景，尤其是公共空间的建设，都要富有人文味，这是对人本性的最终确认。不管是道路、广场建筑，还是商业大楼、娱乐休闲场所等各种文化场景，都应遵循为人的标准。建筑是活性的音乐，具有独特风格，既有时代特色，又具有民族和地方性，它是可以阅读和体味的审美建筑。街区可以漫步徜徉，公园可以予人观赏、休闲休憩，这才是适合人生存的温情的城市。

艺术文化打造了城市的优雅环境，营造了都市高品质的生活，文化与创意是城市建设的理念指导，同时也是城市景观，人们生活和交流的载体。文化产业的城市建设要从区域特色出发，建设具有特色文化的产业，才能拥有市场竞争力。

雄安新区的建设离不开高端产业创业发展的支持，完善公共服务体系，打造精神文化娱乐的设施建设，重点要培育特色产业项目，并在较短时间内产生集聚效应，成为文化产业的发展中心，成为区域城市的文化景观的标识。文化是不断发展的，文化空间随着文化的发展在不断改变自身的结构。雄安新区的产业定位，离不开文化的引领。其实，文化场景以及建筑的设施布局都是情趣和价值指向的直观反应，是某些特殊人群的集聚地。一个城市是否具有亲和力，这与其自身的文化品位和审美情趣有很大的关系。特别是新城区的建设，它的文化空间建设和场景的布局对城市的打造至关重要，我们要通过对传统文化传承、创新淬炼出结合城区特点和定位，反应出城市文化价值观，形成城市居民文化认同感，或以共同的内在文化作为创业基础和生存的态度，以文化辐射产业，形成标杆，这样才能将城市的品质提升，增强其魅力。一个城市在文化上的创新以及拥有了文化的根脉传承，才能激发城市的无限生机。

新型城市的发展融合了知识、信息、生态、非物质文化的全部过程，立足于高端服务业、高新的产业、文化创意产业这三大引擎产业，在此基础上保持城市可持续发展过程，这也是包容传统、兼顾人性，尊重文化的发展新动能。文化产业以自身发展过程回答了其在城市空间发展中的重要性。它重视的是人的情感感受，生活品质决定人的幸福感，从中国的大发展来看，这也是立国之本。很多学者提出，城市发展的意义在于它为人类提供良好的生活环境，以及与其协调发展的文化和科技手段等。

在这个方面来看城市建设的意义，就是人们从内心对美好生活的无限追求，城建规划者就是对各种利益和力量进行整合，使其在城市化进程中得到利益的统一与平衡，这是一个政治和谐化的过程。建筑完善城市的构架，文化成就城市的历史。品牌城市的闻名基础是文化的发展融合，而不是政治与经济的发展，文化主要体现在人的价值观以及其生活方式。城市吸引人的地方是文化引领下的生活，愿意让人对其追随。"宜居城市"就是从"经济"向"文化"的开始，是城市发展的自觉转化。

芒福德说，我们对城市的确定是以艺术为标准，这与人口统计学家确定城市的目的是不同的，主要体现的是对文化的突出和重视。他反复指出，城市不是冰冷的建筑群，不是政治与权力中心，而是文化的集结地。芒福德还提出了城市发展的衡量标准，那就是文化与艺术的发展。在建设文化城市的各种理念中，艺术所占比例最大。新的文化生产力的要素给城市经济的发展带来了新活力，城市经济是艺术再生产创造的基础。在这个生活空间市民享受的权利，不受特权阶层的压制，从人性出发，方便人类发展。

三、雄安新区城市空间的建构要凸显"文化场景"及其价值

当前，文化主要以产业的形式参与城市建设，成为促进城市发展的动力因素，城市管理主要以文化政策作为管理的主导。在英美等先进国家，他们通过建设标志性文化场景形成文化产业园区，采取这样的形式进行城市的改造，建立符合现代化的新空间。文化产业通过资源的合理配置进行文化资源的激活，无论是文化生产空间，还是文化消费空间，前者的外部空间效应和后者的溢出效应，都对城市文化的整体氛围有极大的影响，促进城市文化空间的魅力激活，能够极大地提升居民的文化自豪感。

文化场景的积极作用，"文化场景"理论也由此诞生，它的提出者美国芝加哥学派的克拉克教授说，在城市转型的发展过程中，我们要探索出如何吸引人才的方法。如何提升城市文化场景的吸附力和"黏性"？"文化场景"理论给出了答案，即将城市的文化场景在布局上进行改造，体现人才的需求。这个答案将城市转型的动力机制进行了详细的阐释，明确了文化场景的建构对于人才吸引和构建的重要意义，有助于城市创意阶层的形成和不断完善。

"文化场景"：文化场景的建构体现人的"价值意味"，这就是城市建设与文化建设之间的关系。"文化场景"理论是在审美上对城市街区提出了新要求。传统意义上，城市街区即市民的居住、生产空间，而场景理论是站在消费角度进行城市街区的审视，将其作为体现消费和价值观念的集合性场域，提升了街区的文化内涵和价值理念。

"场景理论"：是人们从新视角来重新认识城市的过程，主要是通过消费的便利性和舒适性体现空间的消费符号形式，以及其反映出的文化价值。这是超越物理意义的城市空间理论，是站在社会实体层面来理解问题。场景理论是在生产和人力资本的功能性前提下，增加了消费的维度，三者结合进行都市社会建构。后工业社会里的学者，他们的研究视角都以消费为主，把不同社会关系中的人都视为消费者，把场景以消费形式进行建设。他们不仅研究消费这一单一的活动，而且对其社会组织形态进行深入分析，我们不能单纯对场景元素进行"原子化"的理解，因为它只是消费的一部分。

在对便利设施进行消费时，要结合其文化价值一起进行，有利于消费个体建立共同的文化价值观。可见，"文化场景"是城市转型研究的理论框架，从消费视角进行转型城市的理解。这对新城建设具有一定的启发。"文化场景"指出，在消费社会中，休闲娱乐和文化活动有着重要的作用，人们愿意在工作之余去追求休闲娱乐体验带来的放松，尽管这不是生活必需。都市娱乐休闲设施的建设与市民需求结合形成不同场景，使其具有了人的文化价值取向，成为传播价值观的文化空间。

文化娱乐设施在设计之初，都有不一样的价值取向，或开放、张扬，或保守、寂静，正是文化价值的差异化成为人才的吸引点，最终达到经济发展的目的。消费者的认知中，文化空间就是文化场景，一个能为他们的生活提供舒适和便利的地方，这里凝聚着人们的精神希望，体现了人们健康的价值观念和情感体验。克拉克把场景理论分为五个要素：邻里、社区、物质结构、城市基础设施、多样性人群，如种族、阶级、性别和教育情况等；前三个元素与场景结合体现价值。场景因消费形成价值符号空间，因消费符号形成文化价值的混合体，个体通过消费活动收获情感体验，消费不同形成了不同的场景意义，这就是对场景辨认的基础。

场景含有三个维度，即戏剧性、真实性、合法性，这是对审美文化及品味的直观体验，形成了各种都市设施混合体的独具价值取向的场景维度，并成为场景理论的分析框架。我们从其本质进行分析，文化场景是具有价值观的城市设施组合，即文化娱乐设施必须具有价值取向才可以称为文化场景，同一空间内，不同的城市娱乐设施组合，以及其反映出的文化消费，在价值观维度上的内涵和侧重点也不相同。

由此可见，文化场景建构不是简单的建筑空间的构成，它是一种具有文化价值的空间依托，具有整体性、系统性、协调性的特征，是城市空间中不同要素的集合，最终体现一定的意义和价值的特定场景。它涉及城市空间的多方面因素的发展和完善，并将这些因素作为城市发展的机制进行充分融合。

"文化场景"理论强调的是整个社会成员的环境与消费观对价值观和生活方式的影响，从经济因素转向由文化消费因素决定城市空间的建设，以价值观为思想核心，建立社区生活环境与创造性人才集聚之间的内在关联，重点发展"创意"的新动力，重点指向城市的新时期转型，以及新城以内的发展模式。场景为区域人群提供了归属感与文化需求，建构了消费性的生活方式体验以及文化情趣，找到了身份的认同感，关键在于对空间建构的整体协调性和主导价值进行提炼。所以，它兼具着社会学和人文学的双重概念，是具有精神象征和文化意义的"都市设施"。

价值观是场景建设的基础，都市设施又是场景建设外在显现，所以文化场景代表着区域城市的品位和价值，这在城市文化的政策方面也会重点体现，并不断明确其自身定位。城市转型成功的案例很多，其中美国芝加哥在文化和休闲娱乐产业的发展已经占据城市发展因素的首位；2015年，我国北京市在文化创意产业方面的价值增加了3179亿元，带动了GDP总量的上升，一跃成为竞争行业的主导。

文化场景的主要作用在于价值观的创造和利用，这体现了它的人文概念，显示出人与城市空间之间的共在、共享及彼此联系。从"空间"到"场景"的发展由消费实践进行衔接，进而实现意义和价值的建构和存在，促进了人的审美情趣以及自身体验。通过都市设施的一定组合形式，达到个体情感的表达与呈现，这样能够促进人才，或者说创意阶层进行集聚，而培育创意的机构中心就发展成为城市的支撑产业。人才的创意阶层既能享受城市设施带来的适宜度，更能享受区域空间的文化熏陶与包容性，提升艺术与审美的品位。

新城建设必须要有创意进行支撑，没有创意支撑，就不能形成文化场景的创新建设，城市的发展就缺乏核心动力。所以，城市设施建设要以文化价值观为根基，把创意人才的吸引作为主要目标，以核心建设的人才去进行资金流、信息流和高科技的运作和流转，促进创意产业的开发，培育城市转型需要的新动力。我们可以将艺术融入城市空间，实现城市文化生态的优化和城市文化空间布局的完善。城市文化的发展也需要一定的载体，比如剧院、影院等，既能传承文化根脉，又能引领城市的文化形象。文化艺术发展能够提升经济活力、增强城市的凝聚力，帮助市民找到城市的认同感，从而推进产业链的延伸和发展。

如美国纽约的百老汇、英国伦敦的西区、我国北京的天桥等，都能彰显出溢出效应。据数据统计资料显示，来百老汇观看演出的消费者，在其他方面的相关消费是观看费用的3倍；伦敦西区每年接受游客1400多万人，在他们的人均消费中，约2/3的钱是用于周边的商业消费。

文化场景建构以及城市对文艺繁荣的管理，都能增加城市的整体氛围，形成城市独特的文化审美理念，这都是城市的魅力，对人才的吸引有积极的作用。

城市在进行新区空间规划的整体布局时融入文化场景的建设，有利于城市魅力和人才开发双向建设。如将剧院与酒店、商业综合体等融合，他们之间相互支撑发展。著名的百老汇区，它的商业模式就是融进了万豪酒店；还有中国万达集团的商业模式，都属于这种空间建设的规划模式。城市设施的建设要和周边建筑在风格和价值观上保持一致，这样才能凸显城市属性，融入城市空间的整体设计中。

对于我国城市发展来说，随着经济额高速发展，我们面临的是从单纯的经济指标到经济社会相协调的科学发展标准的城市观转变，文化资源的融入彻底改变了单一经济发展目标的局限性。带有经济效益的文化建设发展是没有发展前景的，没有合理进行社会效益和经济效益分析的文化项目建设也是具有盲目性的。城市人文性的空间建构要包容多元文化，也要具有空间的温馨舒适性，尤其是针对年轻人的集聚喜好，创建草根类文化的设施规划，从而激发城市活力，了解文化需求，比如，在北京的中关村创业大街上有很多咖啡馆，这些咖啡馆就是具有文化特色的建筑，为计算机人才提供休憩的同时，也促进了经济的发展。

社区文化设施建设和文化活动的开展是城市文化空间建构的核心成分，草根类文化充满激情和活力，相对接近生活，和社区活动联系的比较紧密，能丰富社区居民的业余文化。换句话说，城市文化空间的建构既要体现宏伟大气的追求，又要结合草根文化场景的建设，多元文化的建设能满足不同文化层次的居民需求，全面考虑国家和地方的总体文化特色，这是城市新区文化场景建构所要遵循的基本原则和方法。在基层社区空间进行文化模式的营造过程中，融入书店、咖啡馆、画廊、文化馆这些具有消费的空间，增加空间要素的多样性和配套性，增加城市的文化氛围，这样有利于建构城市的文化形象，有利于城市文化产业的持续性发展。雄安新区在城市功能的建设上必须解决文化发展这个核心问题。

当前的主要问题是文化发展与服务供给之间不能协调发展，引起文化市场结构产生了矛盾，文化"战略性"短缺现象与文化的过剩现象同时出现。随着人们生活水平的提高，人们也开始追求文化精神享受，所以文化即拉动经济的内需，但是在产业供给上也出现了供给不足的问题。在新一轮城市竞争中，文化资源成为战略性的资产，成为城市新区建设及转型的新动能。

以文化产业为基础进行城市空间的建设和培育过程中，要以文化发展规律、文化产业发展规律为基础，重视文化的导向作用，注重文化创造的社会价值，不能忽略文化的价值品质。所以，雄安新区在城市空间的文化建构方面要注重主流文化的价值引导，既要有文化建设的标准和底线，又不能偏离公众的文化感受，地标性的城市建筑要成为具有城市文化形象的标志，这样才有助于市民文化自信的建设。

雄安新区高端的文化发展定位，体现了其传播社会主义先进文化的重要作用，成为弘扬中华文化的基地和向世界展示文化的窗口，所以任何产业的发展都不能忽略文化的基础特性。

利用都市文化的多元性进行主流文化价值的传播，以此建构民间文化发展的根基，凝聚主流文化发展的人才力量，完善文化机制，让人民具有城市归属感，享受由文化带来的空间舒适感，这是雄安新区未来文化发展的基本目标。

第三节　雄安新区的城市墙体标语景观

标语是人们在公共区域内熟知的一种标识，标语这个词广泛应用是在"五四"运动之后，从中国古典书籍资料中查找并没有关于这个词语的相关解释，标语出自西方文明，从日本传播过来。标语的兴起以及它的作用和口号并没有不同，所以很多研究学者也将这两种概念放在一起进行阐述，我们以《新华词典》中的概述来界定标语的定义，也就是经过两者相结合起来的意思，即文字上很简洁，在宣传意义上有动员内容的口号，就是标语。

二者都是语言表达的一种形式，标语是张贴的具有鼓动性目的的句子。学者周伟是这样界定口号的，口号是用来宣传社会理想和政治观点的最直接和最强烈的语言表达方式。口号和标语都具有达到某种目的的渲染作用，只是表现的外在形式不同，标语是以文字方式为主进行宣传，而口号是利用语言通过听觉刺激达到传播的目的。标语是带有目的性的简短话语，采用引人注目的形式进行张贴或粉刷，达到规律性的宣传形式。标语是特定历史环境的遗留，最初的标语多是散页、条幅等，随着社会的发展，形式开始多样化，相关学者进行了归纳，比如，横幅类、橱窗类、板报类、雕刻类、裸字类、奇石类、背景类、移动展示牌类、标语牌类、烟火灯光类、物体组合类和电子显示屏类等。我们对墙体标语进行重点研究，多数标语是通过墙体的形式来体现的。

标语的兴起是为了进行宣传，例如红色革命根据地江西瑞金的墙体粉刷标语"士兵不打士兵　穷人不打穷人"，雄安新区的建设标语"千年大计，国家大事"等。具有历史性的标语会不断发生变换，虽然有丢失，政府部门会将新方针通过通俗易懂的精悍文字传达给受众。大众运用第三人的效果心理，虽然觉得标语对自己影响不大，但也会潜意识受到标语内容的影响。所以，以盈利为目的商业性标语产生了。本章是以雄安新区初期建设为研究背景进行政府宣传类标语的传播工作，对其传播的特征及今后走向进行总体把握，记录雄安新区标语建设的发展。

一、墙体标语具有的空间媒介属性

墙体标语需要通过建筑物空间来进行政策信息传播。空间媒介这一"桥梁"构建了人与人、人与城市之间的信息沟通，而空间媒介也需要空间实体进行自我的文化信息的宣传。其实，墙体标语具有空间媒介传播功能，墙体标语的建构和周围环境之间要有协调性，这样才能满足群众的审美需求，达到城市与人之间的和谐，最终形成集体记忆。空间媒介不仅有传统媒介的公众特征，自身也具有独特属性，尤其是成为城市空间媒介化的实体时，它就具有了城市意象的特点。所以，我们首先研究墙体标语城市空间的媒介可意象特征。

（一）墙体标语传播的实用功能

墙体标语就是空间的媒介呈现形式，它存在于实体空间与社会空间两种传播形式中。在现代化社会中，信息传播方式层出不穷，但是，实体传播并没有失去其价值，它依然在众多传播形式中占据主要的位置。墙体标语独特的信息呈现方式决定了它的不可替代性，并且以标语的形式进行自身信息的传播。墙体标语的信息和精神意蕴的发送是不通过任何中介物来实现的，它是直接呈现于受众面前，让受众直接感知信息。墙体标语不仅要宣传政策性文件，还有宣传城市文明，体现城市的文化，墙体标语与社会空间的发展紧密相连，见证了历史发展的每一个环节。实践证明，墙体标语具有多元化的实用性特征。

墙体标语主要是对城市精神文明建设进行宣传，虽然会融入设计者的主观意图，但是更多的是居民生活精神的体现，而墙体标语自身也被市民潜意识地认可。雄安新区要建设成为绿色低碳、信息智能、宜居宜业的现代化新城，创新、讲实干的精神也会随着雄安建设传播给当地的民众，就像当初的深圳精神、浦东精神一样成为标志性的精神文化代代流传。而城市精神的宣传就是通过墙体标语来实现的，人们在长期的潜移默化中感同身受，并将此精神进行流芳百世的传递。我们在进行墙体标语设计时，要结合城市的独特风格，这其中难免掺杂设计者的主观性，或者对城市文化的特殊理解。一座城市的墙体标语就是历史文化的浓缩，体现的是城市的文化价值。

雄安新区历史发展悠久，文化底蕴深厚。雄安新区在其建设的过程中特别注重文化的建设，开展了"乡愁文化"等非物质文化遗产的建设和记录。雄安新区的文化发展从古到今都彰显着开放性、包容性的厚重精神。墙体标语的最大特征也就是对历史文化进行记录，及大地丰富了空间媒介的意蕴。

（二）墙体标语的审美结构与个性

城市空间有很多的承载实体，要想有吸引力，墙体标语就要接近受众的审美与个性的需求，凸显其特定环境的独一无二，这样才能体现传播的价值。大众媒介传播要遵循最新的社会动态，而空间媒介重视的是视觉审美信息的传播感知。

墙体标语给予受众的第一感知就是视觉刺激，所以说审美信息是首要的传播因素，受众接受信息认知时，都会先去体会绘画、文字所传达的艺术气息，增强信息传播的效果。为了增加受众的集体认知度，墙体标语进行设计的时候要注意空间位置和呈现方式的整体规划和安排，以吸引人为最直观的目的。

墙体标语的形式也非常丰富，种类和内容决定形式，例如，公益道德性的标语特色是图案和漫画的融合，雄安新区的建设要突出"蓝绿空间"，所以主色调要是蓝色。这些色彩和图案的因素能增加墙体标语的感染力。

城市空间标语既要向受众群体传达认知内容，也要传达审美信息。墙体标语在审美个性方面主要体现三方面特质：

一是形象性。黑格尔说，美的显现要通过理念的感知来进行，标语是具有色、形、声的具体形态，审美要求也是通过具体形象进行内容和精神的传播。

二是感染性。事物都是通过美来进行审美和情感的传播，从而感受内心的愉悦。

三是新颖性。新颖性是墙体标语情感上的特殊性，它通过进行人的需求满足达到情感的寄托。审美效果的理性特点就是独具个体风格，所以说，不同城市在墙体标语的设计上要体现城市本身的特色，将其要传播的文化进行潜意识行为的传播。

（三）墙体标语具有可读性特征

关于墙体标语的可读性特征，凯文·林奇在其著作中《城市意象》提出将城市的各部分进行整合认知的一种特性。如同阅读一本书，通过对不同文字符号的整合完成对一本书的理解和认知，从而体现作者的情感交流。

墙体标语的可读性是通过视觉认知符号进行传播的，它所传递的内容就是这个城市的特色。墙体标语作为空间媒介实体存在于城市之中，伴随城市发展的目标、建设规划进行不同的规划和改变，同时与城市文化进行融合，独具特点，可增加城市形象的识别度。

墙体标语的可读性体现在内容和空间结构中，比如，雄安新区主要是对政策进行解读和宣传，此时，选择合适的位置进行标语宣传，就会让受众群体容易接受，进而产生好意象，满足视觉感知的需求，协调自身与外部环境之间的关系，促使城内人群的精神沟通。

墙体标语具有城市形象传播的责任，所以，自身的独立性很重要，在众多媒介载体中，设计醒目和具有人文感的墙体标语更能吸引人，能满足人们的审美要求，成为城市中的标志性建筑。我们不能确定墙体标语的未来发展状态，但是当下它的空间传播的功能是无可替代的。

二、雄安新区墙体标语的呈现方式

墙体标语通过适当的载体进行外在呈现。墙体标语根据内容和空间的不同呈现的方式也不同。随着经济科学的不断发展，标语方式也呈现出多元化，例如，高楼灯光标语、烟火形式的标语等，载体的形式多样让标语的吸引力和认可度不断增高。据调查，雄安新区的墙体标语主要有以下几类：

墙体喷绘是城市空间采用最多的载体方式，在电影和电视剧中都是采用喷绘标语交代故事发展的时代背景。喷绘式墙体标语主要用在道路两旁和农村街道墙面上，形式上相对单一（如图6-1所示）。字体通常使用油漆进行填涂会显著清晰，给人一种一目了然的感觉，而且不受自然天气的影响，能

图6-1　墙体喷绘

够长期使用。缺点是书写随意，审美度较低。

墙体海报是将标语印刷进行张贴的一种形式，墙体海报都是电脑自动设计生成，所以标语在色彩方式上更加丰富，图文结合的形式，简单意骇的内容，给人以整体的美感，达到吸引大众的传播效果（如图6-2所示）。与墙体海报具有同等效果的是墙画标语，它是直接在墙面上绘画。虽然墙画（如图6-3所示）的内容表述较少，但是效果却比海报更强烈，起到了胜过语言文字的宣传目的，与空间环境融合，形成了别具一格的审美风格。

图6-2　墙体海报

图6-3　墙画和标语结合

横幅是红色布料上印刷白字标语的一种形式，采用悬挂或者张贴的形式进行内容的宣传。横幅的制作成本低，适用性比较广泛；缺点是形式单一，受自然条件的影响较大，耐用性方面比较差（如图6-4所示）。

电子屏幕是现代的新兴墙体标语，这种方式都是电脑的自动设置，将内容进行滚动式播放，它的使用范围很广，可根据时效性进行标语的不断调整（如图6-5所示）。除此之外，还有一种方式是灯箱（如图6-6所示），灯箱在内容上与海报没有区别，但是灯箱具有高科技因素，更能吸引受众群体，同时稳定性比海报更强。

图 6-4　横幅

图 6-5　电子屏幕

图 6-6　灯箱

　　展牌通常是高大建筑物的标识，常用的有大型的展示牌和中小型标语牌，展牌多用于对标语的小面，进行实名（如图 6-7 所示）。在展示的空间有限的情况下，展牌也会通过裸字形式来呈现，这些裸字按顺序排列，表达某种

图 6-7　展牌

完整的内容意思，这种形式多用于车站，或无法用墙体标语进行表达的空间（如图6-8所示）。它和标语形式一样发挥着重要的作用。

图6-8　裸字标语

除此之外，还有其他形式的标语，比如石雕，其本身就是标语，不用做任何的语言和外在的装饰，就能表达其中的意思。

三、雄安新区墙体标语空间分布的区域特色

（一）区域环境

区域环境是指围绕墙体标语为中心的周边环境和区域特色的一种显示，即标语的发布地点对其呈现成的效果和力度有重要影响。空间功能区域的不同，标语形式也就具有了区域特色。

当前，雄安新区是建设的高峰时期，墙体标语体现的都是发展和规划的理念，尤其是在交通枢纽、火车站和雄安市民服务中心三个空间区域都放置了政策性标语，对市民形成潜移默化的影响。

交通要道要采用墙体喷绘和红底白字的墙体海报为主进行宣传，尽管车辆来往快速，乘客还是会注意到，但是这种形式非常单一，也有位置上的局限性。雄安市民服务中心是新型城市的规划样本，会有很多游客来此游览，所以，墙体标语也要以蓝色为主色调进行设计，内部的创新智能区域要用灯箱标语形式来呈现特色。

城市区域生产和生活的墙体标语，在设计的时候既要实用又要美观。雄安新区的墙体标语要接近居民的生存特点，体现出本土化和民俗化的双重特点。从功能特点上来分析，这些生产生活区域中，集聚着不同层次文化水平的居民，墙体标语内容要言简意赅、清晰明了，采用简短语句，在标语形态

上要注重色彩和图片的融合设计。而墙体标语的内容，除了对雄安新区建设的政策进行宣传之外，还要有针对性地结合绿色环保内容的宣传、反黑除恶的安全提醒、创新创业的政策引领以及公益文明的宣传等内容进行投放，这些都对市民的文化生活有很好的渗透效果，促进标语与居民生活的融合。

（二）景观化传播

将墙体标语融合在区域环境中可成为城市景观，起到美化环境的作用。标语要进行内容的宣传和展示，但是也要有美感的原则，注意与周围环境之间的协调性，否则就成了胡乱涂画了。这就要求其在设计之初就要考虑周围环境与建筑，形成与周围环境相契合的美感，环境不同，标语的投放形式也不同，应充分利用媒介环境进行信息、标语的传播。换言之，城市建筑不仅承载着墙体标语，同时还是符号表达方式的媒介延伸。

从媒介层面上来看，雄安新区的墙体标语主要是采用喷绘和墙体海报，雄安新区标语较齐全，能够与当地环境进行融合，形成城市景观的重要部分。从空间分布上来看，农村地区的墙体标语较多，主要集中在街道两侧，房屋墙面等设置，位置和内容都很醒目。但是形式单一，采用墙体喷绘形式，颜色上以黄色背景、白色字体为主，如果对墙体标语不进行管理的话，在自然和人为损害下就会严重影响美观，大众会产生严重的抵触心理。县城区域内的墙体标语主要以墙体海报为主，形式新颖多样，其中也融合着立体的横幅、灯箱、雕刻，还有动态电子屏幕，这些都很自然地融进了居民生活中。但是，部分标语在内容和形式上缺乏新意，没能及时更新，在区域环境中给人另类的感觉。

墙体标语景观体现的是城市发展的实力和文化氛围，不仅能吸引大众的注意力，还要具有艺术气息，渲染城市的整体风格。

通过进行雄安新区墙体标语的综合考察，它们主要因形态、内容、种类、空间分布、数量、空间环境塑造等方面的不同而存在差异。尽管雄安新区在墙体标语的设计上还存在差异，但是相对于北京、上海等城市的立体、互动式设计也是独具特色的，也在不断丰富各种新型的现代化形式。并且，这一发展得到政府的重视。因此，墙体标语的设计要融入周边环境的因素，并适当融入科技元素，以此创造出新型的标语设计。

城市空间的墙体标语具有良好的传播环境，其中有的墙体标语具有很高的审美价值。尽管空间环境存在不同，造成内容和形态的差异性传播，同时考虑到雄安新区的受众心理和主观意识的差异，这些都很好地保证了墙体标语所达到的信息预期。这一点相对于其他建筑实体来说，墙体标语更具有空间影响力。

然而，城乡之间的建设存在差异矛盾，墙体标语还有很大的改进空间。要实现对城市形象的充分传播，就要重视墙体标语美化环境的功能性建设。但是，雄安新区主要是以农村为主要传播对象，所以标语的设计难免呈现出形式单一的特点，而且在管理方面没有起到保护的作用，还有小广告等恶意行为的破坏，最终对视觉传播形成了污染，严重影响了传播环境的秩序。

墙体标语的整体规划布局一旦不合理，就会造成整体城市空间区域出现不协调，与其他城市标语呈现类同性较高，未能展现出雄安自有的文化特色，内容形态以口号说教等生硬字眼进行传播都会造成城市文化和精神形象塑造的负面影响。

四、雄安新区墙体标语未来呈现设想

不管是传播所起的作用，还是标语体现出的城市面貌，都要以时代背景为主，与时代发展结合。随着信息时代的到来，交互、自主作为新媒体的传播方式对标语的设计信息传播产生了重要的影响，所以，独具时代特色的创新标语出现了。

这个时代对墙体标语的要求不断提高，赋予它城市传播的重要角色，只有不断创新，才能符合大众的审美需求，这样墙体标语的传播生命力才会持久。我们都知道，空间环境不同，标语的设计也是千差万别的；同时，受众在不同空间差异的影响下，对标语的认知也存在差异。所以我们以河北雄安新区的总体规划为标准，分体将标语效果达到最佳的方式，在最大程度上满足受众的审美需求。

（一）文化感：标语设计与传统文化及本地文化相融合

墙体标语是空间媒介传播的实体，不仅传递信息，还传递城市文化，城市的发展和价值存在感都是通过这种特殊的审美形态进行传播的。城市标语是一个城市文化的代表，在其设计中，要充分融合传统文化，结合本地文化进行创意设计。

《河北雄安新区规划纲要》中明确提出，"要塑造新区风貌特色，坚持中西合璧、以中为主、古今交融，细致严谨做好单体建筑设计，塑造体现中华传统经典建筑元素、彰显地域文化特色的建筑风貌"。

所以，墙体标语的设计要融入传统的建筑元素，以此彰显地域文化的建筑风貌。雄安新区的最具有地域特色的是白洋淀苇编、造船技艺，我们应以此为基础进行标语的创新设计。以形式和色彩、内容以及受众群体的心理、传播的强弱效果这些因素为基础，结合当地文化进行设计，这样才能体现"无文化传承，无雄安未来"的目标城市形象建设。

在实际的规划设计中，也要体现美丽乡村、特色小镇的打造。我们可以运用壁画和雕刻的形式进行特色小镇标语建设，以文化背景为主的审美叙事的空间形式是独具特色的一种吸引大众的形式，如图 6-9 所示。

图 6-9　具有文化特色的墙画标语（网络图片）

标语的设计要避免大篇幅的汉字表达，具备文化传播意图的符号即可，简洁明了，视觉冲击力强，以文化特色为基础的图文结合更能增强受众的感知力，墙体标语的设计可在此基础上进行发展。

（二）科技感：打造墙体标语空间现代化

现代社会，雄安新区在墙体标语的设计方面还是沿用传统的喷绘、海报、横幅等基本方式，并没有形成现代社会的视觉符号，所以，还是不能通过最直观的视觉形象进行城市信息的传递。

　　显然，墙体标语的传播形态具有特殊性，它的视觉强迫性的这一特点，是一个优势特征，能够在空间媒介与大众媒介比较之中形成强势。在城市空间建设中，墙体标语主要以文字、图片、色彩等形式进行信息之间的传递，然而，受众的群体是以被动的状态存在的，原因是受众对标语的关注是处于移动状态来进行的，标语在他们的视觉意识中的存在是"转眼消失"的。所以，我们要对墙体标语进行视觉符号创意设计，这样才能吸引大众的注意，以此增强受众群体的城市印象，并对墙体标语在内容和形象方面加深印象，进行深度理解。

　　《河北雄安新区规划纲要》中提出"要健全城市智能民生服务系统，打造具有深度学习能力、全球领先的数字智能城市"。根据文件要求，未来我们对墙体标语设计要在形态和内容方面进行创新，加入科技元素，与数字智能社会的发展逐步适应。随着近年来城市空间发展，建筑表皮媒体化发展引领时代，走在了发展的前列。其原因是借助了现代化的新型技术，比如 Led、灯光投影等创新技术，扩大了承载墙体标语在建筑表皮方面的信息传递中具有了交互的新功能，增强了可视化的功能特征，这与雄安新区的数字智能城市建设的总体发展方向是一致的。

　　从上文我们对墙体标语的空间分布和利用，以及受众感知的综合分析可以看出，后期的标语建筑中要加强其与人的生产和生活相融合的元素，在不同时间空间的区域环境中，不断进行新技术的投影这种可视化的信息内容传递，充分体现空间媒介的完美效果。这种高科技的形式给墙体标语的设计带来了新鲜元素，在建筑立面上进行了跳跃形式的标语打造，冲破了静态标语的传统模式，这种形式新颖，可以根据城市受众的关注点不同变换不同的内容和样式，能够抓住受众群体的视觉符号的感知力，赋予墙体标语新的生命力。在雄安新区的建设中，我们并不推崇无效的、大规模标语的投放，重点性的、具有文化价值和地域特色的标语才能打造其独特的价值。

参考文献

[1] 刘俐. 日本公共艺术生态 [M]. 长春：吉林科学技术出版社，2002.

[2] 马丁，马刚. 人民英雄纪念碑浮雕艺术编 [M]. 北京：科学普及出版社，1988.

[3] 倪再沁. 艺术反转：公民美学与公共艺术 [M]. 中国台湾：台湾艺术家出版社，2005.

[4] 时向东. 北京公共艺术研究 [M]. 北京：学苑出版社，2006.

[5] 宋俭，王红. 大劫难——300 年来世界重大自然灾害纪实 [M]. 武汉：武汉大学出版社，2004.

[6] 孙振华. 公共艺术时代 [M]. 南京：江苏美术出版社，2003.

[7] 孙振华. 在艺术的背后 [M]. 长沙：湖南美术出版社，2003.

[8] 唐士其. 西方政治思想史 [M]. 北京：北京大学出版社，2002.

[9] 汪晖，等. 文化与公共性 [M]. 北京：生活·读书·新知三联书店，2005.

[10] 王中. 公共艺术概论 [M]. 北京：北京大学出版社，2007.

[11] 文艺美学丛书编辑委员会. 蔡元培美学文选 [M]. 北京：北京大学出版社，1983.

[12] 翁剑青. 城市公共艺术：一种与公众社会互动的艺术及其文化的阐释 [M]. 南京：东南大学出版社，2004.

[13] 曹鹏飞. 公共性理论研究 [M]. 北京：党建读物出版社，2006.

[14] 曾繁仁. 现代美育理论·公共空间·公共艺术与中国现代美育的拓展——蔡元培的美育思想论 [M]. 郑州：河南人民出版社，2006.

[15] 陈惠婷. 公共艺术在台湾 [M]. 长春：吉林科学技术出版社，2002.

[16] 邓正来，亚历山大 J C. 国家与市民社会———一种社会理论的研究路径 [M]. 北京：中央编译社，2005.

[17] 高平叔. 蔡元培哲学论著 [M]. 石家庄：河北人民出版社，1985.

[18] 黄健敏. 美国公众艺术 [M]. 中国台湾：台湾艺术家出版社，1992.

[19] 刘军宁，等. 直接民主与间接民主 [M]. 北京：三联书店，1998.

[20] 翁剑青. 公共艺术的观念与取向：当代公共艺术文化及价值研究 [M]. 北京：北京大学出版社，2002.

[21] 徐新. 西方文化史 [M]. 北京：北京大学出版社，2002.

[22] 许纪霖，等. 公共性与公民观 [M]. 南京：江苏人民出版社，2000.

[23] 张凤阳，等. 政治哲学关键词 [M]. 南京：江苏人民出版社，2006.

[24] 赵一凡. 欧美新学赏析 [M]. 北京：中央编译出版社，1996.

[25] 郑乃铭. 艺术家看公共艺术 [M]. 长春：吉林科学技术出版社，2002.

［26］诸葛雨阳．公共艺术设计［M］．北京：中国电力出版社，2007．

［27］［丹麦］杨·盖尔，拉尔斯·吉姆松．新城市空间［M］．北京：中国建筑工业出版
　　　社，2003．

［28］［德］汉斯·贝尔廷．艺术史的终结：当代西方艺术史哲学文选［M］．常宁生，编
　　　译．北京：中国人民大学出版社，2004．

［29］［德］黑格尔．法哲学原理［M］．范扬，张企泰，译．北京：商务印书馆，1952．

［30］［德］黑格尔．历史哲学［M］．上海：上海书店出版社，1999．

［31］［德］康德．历史理性批判文集［M］．何兆武，译．北京：商务印书馆，1990．

［32］［德］马克斯·韦伯．新教伦理与资本主义［M］．于晓，陈维纲，译．西安：陕西
　　　师范大学出版社，2006．

［33］［德］米海里司．美术考古一世纪［M］．郭沫若，译．上海：上海书店出版
　　　社，1998．

［34］［德］温克尔曼．希腊人的艺术［M］．邵大箴，译．桂林：广西师范大学出版
　　　社，2001．

［35］［德］尤尔根-哈贝马斯．公共领域的结构转型［M］．曹卫东，等译．上海：学林
　　　出版社，1999．

［36］［法］让-皮埃尔·韦尔南．希腊思想的起源［M］．秦海鹰，译．北京：读书·生
　　　活·新知三联书店，1996．

［37］［古希腊］柏拉图．理想国［M］．郭斌和，张竹明，译．北京：商务印书馆，2002．

［38］［古希腊］亚里士多德．尼备马科伦理学［M］．廖申白，译．北京：商务印书
　　　馆，2004．

［39］［古希腊］亚里士多德．政治学［M］．吴寿彭，译．北京：商务印书馆，1965．

［40］［古希腊］亚里士多德．政治学［M］．颜一，秦典华，译．北京：人民大学出版
　　　社，2003．

［41］［美］阿瑟·C·丹托．艺术的终结［M］．欧阳英，译．南京：江苏人民出
　　　版，2005．

［42］［美］埃伦·迪萨纳亚克．审美的人［M］．北京：商务印书馆，2004．

［43］［美］哈丽叶·F·西奈，莎丽·韦伯斯特．美国公共艺术评论［M］．慕心，等译．
　　　中国台湾：远流出版事业股份有限公司，1999．

［44］Cat Kwok．首届广州当代艺术三年展——重新解读：中国实验艺术十年［J］．城市住
　　　宅，2003（1）．

［45］包林．艺术何以公共［J］．装饰，2003（10）．

［46］董雅，唯建环．公共艺术生存和发展的当代背景［J］．雕塑，2004（3）．

［47］赫尔曼，普菲茨文．从阿多尔诺到博伊斯［J］．邹进，译．艺术潮流，1993（2）．

［48］黄宏伟. 整合概念及其哲学底蕴［J］. 学术月刊，1995（9）.

［49］昆廷·斯金纳. 消极自由观的哲学的历史透视［J］. 阎克文，译. http：//www. douban. corrygroup/topic/6775442/.

［50］李公明. 我对当代艺术中"公共性"的一点理解［J］. 美术观察，2004（11）.

［51］罗子丹. 关连实验艺术的"鸟巢"［J］. 建筑师，2008（3）.

［52］吕澎. 艺术体制与观念的变迁——对上海双年展和广州双年展新世纪两端展览的历史陈述和问题分析［J］. 画刊，2008（10）.

［53］孙振华. 公共艺术的公共性［J］. 美术观察，2004（11）.

［54］孙振华. 公共艺术的政治学［J］. 美术研究，2005（2）.

［55］孙振华. 从"阳光广场"到后现代雕塑［J］. 雕塑，2003（1）.

［56］翁剑青. 超越本体的价值含义——公共艺术的广义生态学管窥［J］. 文艺研究，2009（9）.

［57］巫鸿. 中国当代实验艺术的"当代性"［J］. 美术，2003（11）.

［58］许纪霖. 互联网：人类历史上的第二次文化革命［J］. 大学时代，2006，13（5）.

［59］邹文. 公共空间如何构思［J］. 北京2000中国艺术产业论坛，2000.

［60］郭公民. 艺术公共性的建构：上海城市公共艺术史论［D］. 上海：复旦大学，2009.

［61］殷双喜. 永恒的象征——天安门广场人民英雄纪念碑研究［D］. 北京：中央美术学院，2002.